有趣、好玩、易学、有深度的
Python
网络爬虫课程

LEARNING PYTHON
WEB CRAWLER

Python
网络爬虫实例教程
视频讲解版

齐文光 编著

U0196293

人民邮电出版社
北京

图书在版编目（CIP）数据

Python网络爬虫实例教程 : 视频讲解版 / 齐文光编
著. -- 北京 : 人民邮电出版社，2018.8（2021.6重印）
ISBN 978-7-115-48465-9

Ⅰ. ①P… Ⅱ. ①齐… Ⅲ. ①软件工具－程序设计
Ⅳ. ①TP311.561

中国版本图书馆CIP数据核字(2018)第101074号

内 容 提 要

　　本书共 16 章，详细介绍爬虫的基础知识、编写简单定向爬虫和使用 Scrapy 爬虫框架。第 1～3 章介绍爬虫的基础知识和网页解析基础；第 4～8 章用实例演示编写定向爬虫、模拟登录、应对反爬虫和爬取动态网页等；第 9 章介绍 Scrapy 基础知识；第 10、第 11 章讲解两个最常用的 Scrapy 爬虫类；第 12、第 13 章讲解 Scrapy 应对反爬虫、向网站提交数据和登录网站的方法；第 14 章用实例演示存储数据到数据库；第 15 章简单讲解爬虫去重、分布式爬虫编写和爬虫部署；第 16 章为综合实例，并且简单介绍爬取数据的分析。本书运用大量实例为读者演示编写爬虫的技巧，每一章都包含本章小结及要求，以帮助读者巩固所学内容。

　　本书面向对爬虫技术感兴趣的读者，介绍使用 Python 语言编写爬虫的各种技巧和方法。对希望深入学习 Python 编程的初学者，本书也很适合作为进阶读物。

◆ 编　　著　齐文光
　　责任编辑　刘　博
　　责任印制　沈　蓉　彭志环

◆ 人民邮电出版社出版发行　　北京市丰台区成寿寺路 11 号
　　邮编　100164　　电子邮件　315@ptpress.com.cn
　　网址　http://www.ptpress.com.cn
　　大厂回族自治县聚鑫印刷有限责任公司印刷

◆ 开本：800×1000　1/16
　　印张：13.5　　　　　　　　2018 年 8 月第 1 版
　　字数：268 千字　　　　　　2021 年 6 月河北第 7 次印刷

定价：49.80 元

读者服务热线：(010)81055256　印装质量热线：(010)81055316
反盗版热线：(010)81055315

前言

爬虫技术是一门非常有趣、有用、易学、易令人产生成就感的技术。人们利用爬虫技术可以下载感兴趣的图片、小说，可以自动化地完成很多需要人工操作的事情，如定时抢购某件商品。对企业来讲，爬虫的作用显得更加重要，很多公司依赖于爬虫技术获取公开数据，为企业发展提供服务。在招聘网站上，爬虫工程师的薪酬非常高。

爬虫技术学起来容易上手，相信各位读者看完第 4 章的基础爬虫实例，就可以编程爬取很多网站，这对建立信心、激发学习兴趣非常关键，从这个角度看，爬虫技术也非常适合作为学习编程语言的进阶内容。

虽然爬虫技术易学、有用、有趣，但要真正系统地掌握爬虫技术，能够独立地解决数据获取过程中遇到的难题，还需要深入、系统地掌握爬虫知识。经常有读者觉得爬虫教学用例繁杂，技巧介绍不明确，学习起来很难掌握；或者内容比较片面，难以把学习的例子应用到其他网页爬取中。针对以上问题，本书在编写过程中，特别注重两点：一是简单易学，二是系统深入。本书为了简单明了地向读者介绍编写爬虫的技巧，着重选择那些既能体现编写技巧，页面又相对干净的例子；为了让读者能够比较爬虫框架与手写爬虫的不同，本书还多次使用两种方法爬取相同的网站，这些都非常有利于读者学习。

本书不仅精挑细选爬取实例，内容组织上也注重深入性和全面性，希望尽量为读者演示各种爬取技巧和方法。从手写爬虫到爬虫框架，从多层页面爬取到图片下载，从应对反爬虫到模拟登录，从各种翻页技巧到查找网页元素，甚至爬虫去重技术和分布式爬虫部署，书中都有详细的演示和讲解，相信读者在读完本书后，能够系统地掌握使用 Python 编写爬虫的技术。

为了使代码讲解内容易看易懂，本书直接提供了全部的代码，读者可以参考书中的代码编写爬虫，但是要注意，商业网站的更新速度很快，可能在你看到本书的时候，网站已经做了或大或小的改版，如果直接照抄书中代码，就会产生一些问题。因此，读者应该重点学习编写爬虫的技巧和方法，相信在仔细阅读完本书后，读者完全可以应对各种各样的网页改版问题。此外，本书为了让代码更易读，在代码中用到的如户型、楼层、小区等变量使用了拼音命名，这样处理的优点是可读性较好，但是在面试或公司生产环境中编写代码，还是应该尽量使用英文作为变量名称。

本书提供了配套讲解视频，读者扫描书中二维码即可免费观看，也可到网易云课堂搜索"Python 爬虫零基础入门到进阶实战"，观看本书配套视频。

由于编者水平有限，加上爬虫技术本身发展迅速，书中难免有不足和不当之处，恳请读者批评、指正，在此表示衷心感谢。

编者

2018 年 3 月

目录

第 1 章

网络爬虫概述

1.1 认识网络爬虫

1.1.1 网络爬虫的含义

　　在大数据时代，人类社会的数据正以前所未有的速度增长。数据蕴含着巨大的价值，无论是对个人工作、生活，还是对企业未来的发展和创新商业模式，都有着很大的帮助。充分挖掘数据潜在价值，能帮助人们找到更合适的合作对象、更便宜的生活用品，也能帮助企业找到更好的细分市场，有针对性地为企业日后的发展提供数据支撑。数据让人们更好地掌握市场动向，更好地应对市场，产生新的合理的决策。

　　数据背后所隐藏的巨大商业价值正开始被越来越多的人所重视，那么数据从何而来？可以从网上找数据，但是人工提取数据效率太低，从经济角度也不可行。购买数据是一个办法，但是目前公开交易的数据少之又少，很难与多样化的数据需求匹配。因此，对很多人和企业来说，如果想获取全面、有效、准确的数据，编写爬虫抓取数据是一种明智之选，这就用到了这本书的主题——网络爬虫。

　　网络爬虫是一种程序，编写网络爬虫的主要目的是将互联网上的网页下载到本地并提取出相关数据。网络爬虫可以自动化地浏览网络中的信息，然后根据制定的规则下载和提取信息。

　　如图 1-1 所示，如果把互联网比喻成一个蜘蛛网，那么网络爬虫就是在网上爬来爬去的蜘蛛。简单来讲，网络爬虫主要完成两个任务：一是下载目标网页，二是从目标网页中提取需要的数据。

图 1-1　网络爬虫示意图

1.1.2　网络爬虫的主要类型

网络爬虫按照系统结构和实现技术，大致可以分为以下几种类型：通用网络爬虫、聚焦网络爬虫、增量式网络爬虫、深层页面爬虫。实际的网络爬虫系统通常是几种爬虫技术相结合实现的。

1. 通用网络爬虫

通用网络爬虫又称全网爬虫，爬行对象从一些种子 URL 扩充到整个 Web，主要为门户站点、搜索引擎和大型 Web 服务提供商采集数据。

2. 聚焦网络爬虫

聚焦网络爬虫是指选择性地爬行那些与预先定义好的主题相关页面的网络爬虫。与通用网络爬虫相比，聚焦网络爬虫只需要爬行与主题相关的页面，极大地节省了硬件和网络资源，保存的页面也因数量少而更新快，还可以很好地满足一些特定人群对特定领域信息的需求。聚焦网络爬虫是需要我们关注的重点爬虫类型。

3. 增量式网络爬虫

增量式网络爬虫是指对已下载网页采取增量式更新和只爬行新产生的或者已经发生变化的网页的爬虫，它能够在一定程度上保证所爬行的页面是尽可能新的页面。与周期性爬行和刷新页面的网络爬虫相比，增量式爬虫只会在需要的时候爬行新产生或发生更新的页面，并不重新下载没有发生变化的页面，这样可有效减少数据下载量，及时更新已爬行的网页，减小时间和空间上的耗费，但是增加了爬行算法的复杂度和实现难度。后面的章节将对增量式网络爬虫和去重方法做简要介绍。

4．深层页面爬虫

Web 页面按存在方式分为表层网页和深层网页。表层网页是传统搜索引擎可以索引的页面，是以超链接可以到达的静态网页为主构成的 Web 页面。深层网页是大部分内容不能通过静态链接获取的，隐藏在搜索表单后的，只有用户提交一些关键词才能获得的 Web 页面。例如，那些用户注册后内容才可见的网页就属于深层页面。后面的章节将向读者介绍让爬虫登录一个网站，爬取深层页面的方法。

1.1.3　简单网络爬虫的架构

前面已经介绍，网络爬虫的两个主要任务是下载目标网页和从网页中解析信息。为了完成这两个任务，一个简单的网络爬虫就要包含图 1-2 所示的 4 个部分。

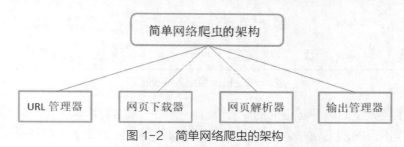

图 1-2　简单网络爬虫的架构

URL 管理器：管理将要爬取的 URL，防止重复抓取和循环抓取。

网页下载器：这是下载网页的组件，用来将互联网上 URL 对应的网页下载到本地，是爬虫的核心部分之一。

网页解析器：这是解析网页的组件，用来从网页中提取有价值的数据，是爬虫的另一个核心部分。

输出管理器：这是保存信息的组件，用来把解析出来的内容输出到文件或数据库中。

以上 4 个部分组成一个简单的爬虫架构。这里通过介绍简单的爬虫架构，让读者对爬虫有一个直观的印象，后面的章节将详细讲解网络爬虫架构的实现。

1.1.4　网络爬虫的应用场景

网络爬虫的应用十分广泛，不仅应用在搜索引擎上，普通用户和企业在抓取数据、分析数据的时候都需要借助于网络爬虫。这里用两个小例子来简单说明网络爬虫的应用场景。

　　假如现在有人想把北京的房子卖掉，需要委托给链家（或者我爱我家）的一位房产经纪人，就需要了解经纪人的业务能力，选择业务能力较强的经纪人，然而这两个房产中介网站并没有给出经纪人之间的成交对比。如果学习了爬虫技术，就可以写个爬取经纪人成交数据的爬虫，用爬虫爬取链家（或者我爱我家）网所有经纪人的成交记录，如图 1-3 所示。然后在经纪人的成交房产类型、成交数量、成交时间及成交价格之间做对比分析，从而找出成交能力最强的经纪人。

	cjtaoshu	mendian	czongjia	zhiwei	haoping	cjdanjia	cjxiaoqu	xingming	cjzhouqi	biaoqian	cjlouceng	cjshijian	congyenianxian	bankuai
0	37	红莲北里店	251.0	店经理	97%141	43997元/平	红莲北里 3室1厅 57平	郭海龙	36	房东信赖;销售达人;带看活跃	南/高楼层/6层	签约时间:2015-05-24	4-5年	马连道
1	37	红莲北里店	159.0	店经理	97%141	36969元/平	红莲南里 1室1厅 43平	郭海龙	36	房东信赖;销售达人;带看活跃	南/高楼层/7层	签约时间:2015-05-10	4-5年	马连道
2	37	红莲北里店	257.0	店经理	97%141	39046元/平	常青藤嘉园 1室1厅 65平	郭海龙	36	房东信赖;销售达人;带看活跃	北/低楼层/16层	签约时间:2015-04-26	4-5年	马连道
3	37	红莲北里店	243.0	店经理	97%141	41313元/平	红莲北里 2室1厅 58平	郭海龙	36	房东信赖;销售达人;带看活跃	南 北/高楼层/6层	签约时间:2015-04-04	4-5年	马连道
4	37	红莲北里店	372.5	店经理	97%141	42053元/平	广安门外大街 3室1厅 88平	郭海龙	36	房东信赖;销售达人;带看活跃	东 南 西北/中楼层/18层	签约时间:2015-04-01	4-5年	马连道

图 1-3　链家经纪人成交记录

　　另一个比较典型的例子是企业的广告合作。例如一家教育培训公司的领导，想要跟知乎上关注编程语言的意见领袖合作推广公司的培训课程，就需要了解在知乎的编程领域，哪位意见领袖的粉丝最多，哪位意见领袖的粉丝是公司的潜在培训对象。这时可以编写一个爬取知乎用户信息（包含从事领域、粉丝数量等内容）的爬虫，然后根据爬取下来的信息做一个简单的统计分析，从而找到可以寻求合作的优质对象。

　　以上两个例子在本书都有实现。

1.2　Python 网络爬虫技术概况

1.2.1　Python 中实现 HTTP 请求

　　本节主要介绍 Python 中都有哪些库和框架可以帮助我们实现网络爬虫。这里要特别说明的一点是，本书的代码和程序全部是在 Python 3.6.3 版本中实现的，也可以直接在

Python 3 的其他版本中运行。虽然大部分代码在 Python 2 中也可以运行，但并不推荐读者使用 Python 2，毕竟 Python 2 已经成为过去，Python 3 才是未来。

前面已经介绍，网页下载器是爬虫的核心部分之一，下载网页就需要实现 HTTP 请求，在 Python 中实现 HTTP 请求比较常用的主要有两个库。

一是 urllib 库。urllib 库是 Python 内置的 HTTP 请求库，可以直接调用。

二是 Requests 库。Requests 库是用 Python 语言编写的，基于 urllib，采用 Apache2 Licensed 开源协议的 HTTP 库。它比 urllib 更加方便，使用它可以节约我们大量的工作，完全满足 HTTP 的测试需求。Requests 是一个纯 Python 编写的、简单易用的 HTTP 库。

这两种实现 HTTP 请求的库中，Requests 库最简单，功能也最丰富，完全可以满足 HTTP 测试需求，是本书中手写简单爬虫的主力库，推荐读者学习和使用。至于 urllib 库，后面的章节将做简单的介绍，让读者有所了解。

1.2.2　Python 中实现网页解析

所谓网页解析器，简单地说就是用来解析 HTML 网页的工具，它主要用于从 HTML 网页信息中提取需要的、有价值的数据和链接。在 Python 中解析网页主要用到图 1-4 所示的 3 种工具。

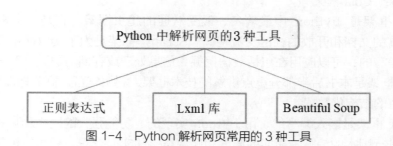

图 1-4　Python 解析网页常用的 3 种工具

一是正则表达式。正则表达式（regular expression）描述了一种字符串匹配的模式（pattern），可以用来检查一个串是否含有某种子串，将匹配的子串替换或者从某个串中取出符合某个条件的子串等。正则表达式的优点是基本能用正则表达式来提取想要的所有信息，效率比较高，但缺点也很明显——正则表达式不是很直观，写起来比较复杂。

二是 Lxml 库。这个库使用的是 XPath 语法，同样是效率比较高的解析库。XPath 是一门在 XML 文档中查找信息的语言。XPath 可用来在 XML 文档中对元素和属性进行遍历。XPath 比较直观易懂，配合 Chrome 浏览器或 Firefox 浏览器，写起来非常简单，它的代码速度运行快且健壮，一般来说是解析数据的最佳选择，Lxml 是本书使用的解析网页的主力工具。

三是 Beautiful Soup。Beautiful Soup 是一个可以从 HTML 或 XML 文件中提取数据的 Python 库。它能够通过我们喜欢的转换器实现惯用的文档导航、查找。Beautiful Soup 编写效率高，能帮程序员节省数小时甚至数天的工作时间。Beautiful Soup 比较简单易学，但相比 Lxml 和正则表达式，解析速度慢很多。

总结起来，无论正则表达式、Beautiful Soup 库还是 Lxml 库，都能满足我们解析网页的需求，但 Lxml 使用的 XPath 语法简单易学、解析速度快，是本书推荐读者使用的网页解析工具。

1.2.3　Python 爬虫框架

前面介绍的 HTTP 请求库和网页解析技术都是一步步手写爬虫时使用的，Python 中还有很多帮助实现爬虫项目的半成品——爬虫框架。爬虫框架允许根据具体项目的情况，调用框架的接口，编写少量的代码实现一个爬虫。爬虫框架实现了爬虫要实现的常用功能，能够节省编程人员开发爬虫的时间，帮助编程人员高效地开发爬虫。

在 Python 中，爬虫框架很多，常见的 Python 爬虫框架主要有 Scrapy 框架、pyspider 框架、Cola 框架等。

Scrapy 框架是 Python 中最著名、最受欢迎的爬虫框架。它是一个相对成熟的框架，有着丰富的文档和开放的社区交流空间。Scrapy 框架是为了爬取网站数据、提取结构性数据而编写的，可以应用在包括数据挖掘、信息处理或存储历史数据等一系列的程序中。Scrapy 框架是本书后半部分重点讲解的技术框架，利用它可以高效地爬取 Web 页面并提取有价值的结构化数据。

pyspider 框架是国人编写的、用 Python 实现的、功能强大的网络爬虫系统，能在浏览器界面上进行脚本的编写、功能的调度和爬取结果的实时查看，后端使用常用的数据库进行爬取结果的存储，还能定时设置任务与任务优先级等。读者如果有兴趣，可以查看它的相关文档。

Cola 框架是一个分布式的爬虫框架，用户只需编写几个特定的函数，而无须关注分布式运行的细节，任务会被自动分配到多台机器上，整个过程对用户是透明的。

Python 还有很多其他的爬虫框架，它们各有特点，读者可以上网查阅相关材料。本书将深入讲解 Scrapy 框架的使用。

1.3 搭建开发环境

1.3.1 代码运行环境

本书所讲解的爬虫技术都是基于 Python 语言实现的，希望读者尽可能地了解 Python 语言的基础语法。为了方便在自己的计算机上实现本书的代码，读者可以尝试搭建与本书一致的开发环境。

为了照顾大多数入门 Python 爬虫的同学，本书中的代码都是在如下运行环境中编写的：Windows 10 操作系统；Python 3.6.3。

在 Windows 平台环境下，可以按照以下步骤搭建开发环境。

1. 下载 Python

从官网下载与操作系统、位数对应的 Python 版本。图 1-5 所示为 Python 官网页面，单击导航栏中的 Downloads 即可选择下载。如果计算机是 64 位的 Windows 系统，就可以选择从 Windows 版本下载页中下载 Windows x86-64 executable installer 这个可执行安装文件。

图 1-5　Python 官网页面

2. 安装 Python

单击运行下载下来的 python-3.6.5-amd64.exe 安装文件（这是最新版本的正式安装文

件），在弹出的对话框中，将 Add Python 3.6 to PATH 前面的选择框打钩，如图 1-6 所示。

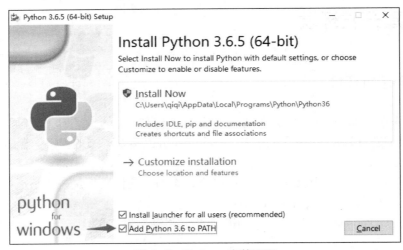

图 1-6　Python 安装界面

然后单击 Install Now 即可安装。

3. 运行 Python，测试是否安装成功

在命令行中输入 python 后按回车键，如果一切顺利，系统会进入 Python 解释器环境，提示符变为 >>>，如图 1-7 所示。

```
(D:\python36\py36) D:\sp>python
Python 3.6.5 |Anaconda, Inc.| (default, Mar 29 2018, 13:32:41) [MSC v.1900
 64 bit (AMD64)] on win32
Type "help", "copyright", "credits" or "license" for more information.
>>>
```

图 1-7　Python 解释器

上面演示了 Windows 平台上安装 Python 的过程。当然，本书的代码可以直接运行在 Python 3 的各个版本上，以及 Linux、Mac 平台上。

1.3.2　开发编辑器

一个好的编辑器能帮助我们提高编写爬虫的效率。在编写爬虫的过程中，本书将使用 PyCharm 和 Notepad++作为开发编辑器，也会使用 IPython 做交互式的演示。如果使用 Mac 或 Linux 系统，可以选择 PyCharm、Sublime Text 等编辑器。

（1）PyCharm 是一款非常优秀的 Python IDE，带有一整套可以帮助用户在使用

Python 语言开发时提高其效率的工具，如调试、语法高亮、Project 管理、代码跳转、智能提示、自动完成、单元测试、版本控制等。可以下载社区版本的 PyCharm。社区版本是免费的，完全满足本书编写爬虫的需求，推荐读者安装。PyCharm 的运行界面如图 1-8 所示。

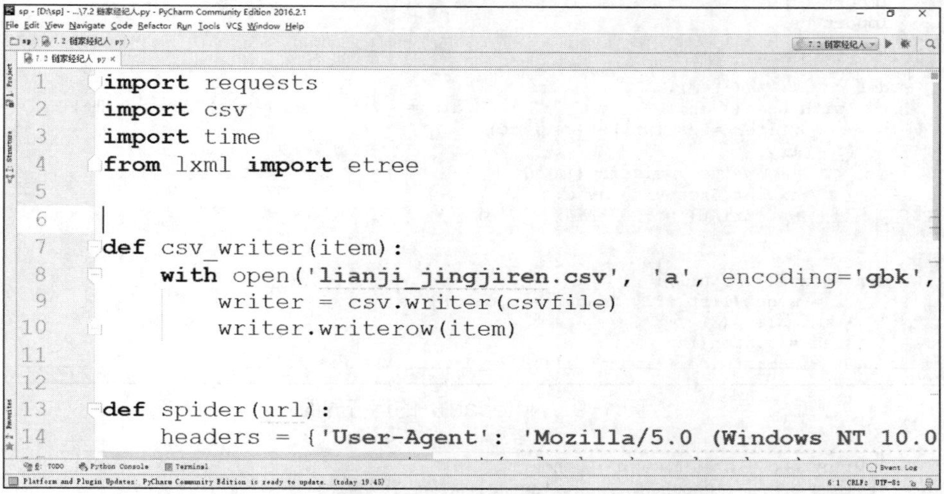

图 1-8　Pycharm 的运行界面

（2）Notepad++是 Windows 操作系统下的一个文本编辑器，它是一款开源、小巧、免费的代码编辑器，运行高效，体积小、资源占用小，支持包括 Python 在内的众多程序语言。Notepad++不仅有语法高亮显示，也有语法折叠功能，并且支持宏及扩充基本功能的外挂模组。

Notepad++是免费软件，可以免费使用，其运行界面如图 1-9 所示。

（3）IPython 是一个 Python 增强版的交互式 shell，比默认的 Python shell 好用得多，支持变量自动补全，自动缩进，支持 bash shell 命令，内置了许多很有用的功能和函数。IPython 在数据分析中运用十分广泛，值得读者关注。读者可以直接下载安装 Anaconda（Anaconda 是一个开源的 Python 发行版本，其包含 Conda、Python，以及 180 多个科学计算包及其依赖项），它会同时安装 IPython，也可以使用如下命令直接安装 IPython。

```
>pip install ipython
```

安装完成后，在命令行中输入 ipython 后按回车键，即可打开 IPython 解析器，如图 1-10 所示。

（4）Sublime Text 是一款流行的代码编辑器软件，也是一款先进的文本编辑器，可运行在 Linux、Windows 和 Mac OS X 上，其运行界面如图 1-11 所示。

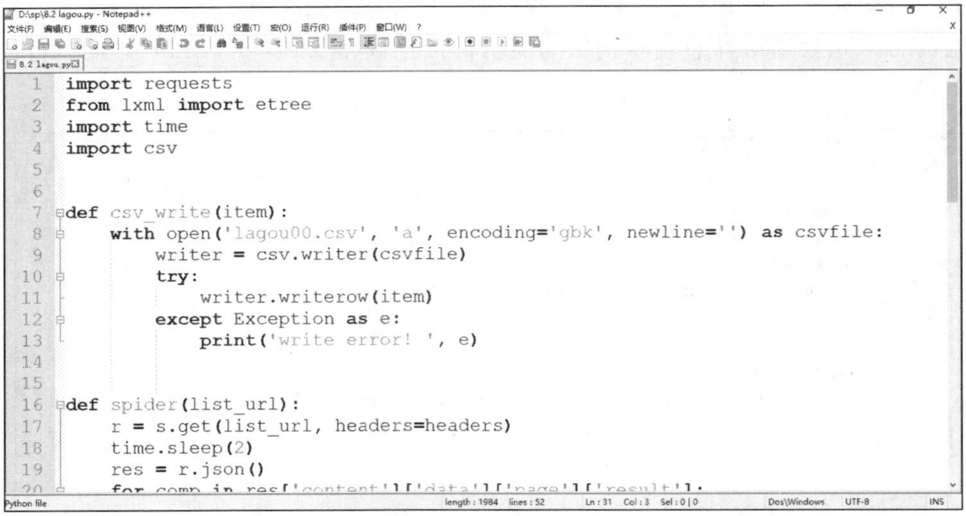

图 1-9　Notepad++的运行界面

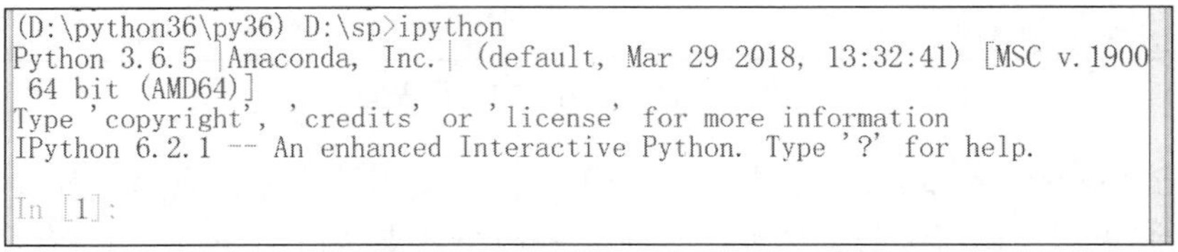

图 1-10　IPython 解析器

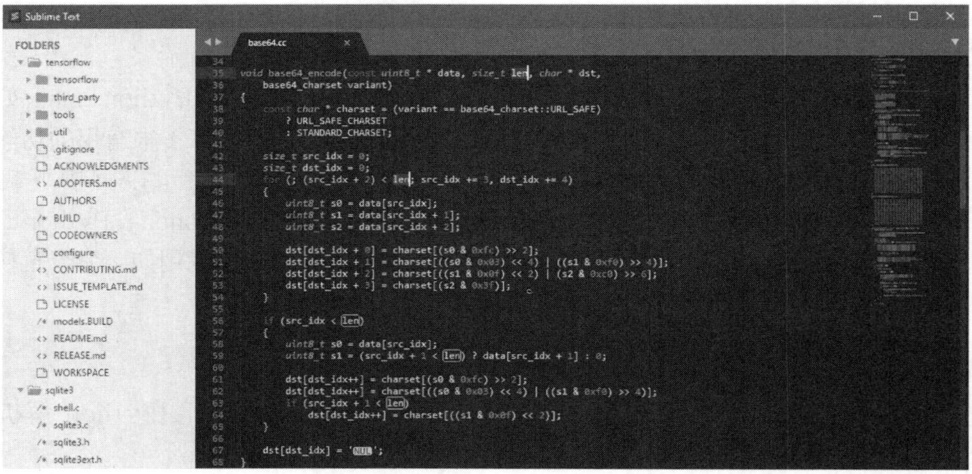

图 1-11　Sublime Text 运行界面

1.4 本章小结及要求

本章概括性地讲解了网络爬虫的含义和主要类型，简单梳理了 Python 实现网络爬虫的技术概况，介绍了搭建开发环境的简要步骤和常用代码编辑器，让读者对爬虫、Python 爬虫技术框架有了大致的了解。在后面的章节将详细讲解和演示其中应用最广泛的技术细节和开发技巧。

本章要求很简单，读者要在自己的计算机上搭建好代码运行环境、安装好代码编辑器。由于后面的章节将借助于 Chrome 浏览器分析待爬取页面，读者还要安装好 Chrome 浏览器，为下一步学习做好准备。

第 2 章

爬虫基础

2.1 认识 HTTP 请求

2.1.1 HTTP 请求的含义

1.2.1 节中讲到下载网页需要实现 HTTP 请求，那么如何实现 HTTP 请求呢？在 Python 中实现 HTTP 请求比较常用的是两个库——urllib 库和 Requests 库。

可以简单地把 HTTP 请求理解为从客户端到服务器端的请求消息。也就是说，无论是真正的一个人在操作浏览器还是一个爬虫，当希望从服务器请求服务或信息时，就需要首先向服务器发出一个请求，然后服务器返回响应，最后连接关闭，这就是 Web 服务的流程。

对编写爬虫来说，认识和理解 HTTP 请求是非常重要的，因为这关系构造爬虫请求的方法。

2.1.2 HTTP 请求信息

当浏览器向 Web 服务器发出请求时，它向服务器传递了一个数据块，也就是请求信息。HTTP 请求信息由请求方法、请求头部和请求正文 3 个部分组成。

这里主要关注请求方法和请求头部，这是与编写爬虫息息相关的。

1. 请求方法

不同的请求方法有不同的作用，下面是最常见的两种请求方法及其作用。

（1）GET 方法

GET 方法请求指定的页面信息，并返回实体主体。

（2）POST 方法

POST 方法向指定资源提交数据进行处理请求（如提交表单或者上传文件），数据被包含在请求体中。POST 请求可能会导致新的资源的建立或已有资源的修改。

从上面的请求方法解释中可以看出，平时打开一个网站一般使用的是 GET 方法，也就是请求了一个页面；如果涉及向网站提交数据（如登录），就用到了 POST 方法。还有一些其他的请求方法，如 HEAD、PUT、DELETE、CONNECT、OPTIONS、TRACE 等，实际编写爬虫时较少用到。

2. 请求头部

请求头部包含许多有关客户端环境和请求正文的有用信息。例如，请求头部可以声明浏览器所用的语言、请求正文的长度等。一般网站服务器最常见的反爬虫措施就是通过读取请求头部的用户代理（User Agent）信息，来判断这个请求是来自正常的浏览器还是爬虫，为了应对服务器的这种反爬虫策略，人们在编写爬虫时经常需要构造请求头部，来伪装成一个正常的浏览器。

可以打开一个网页，实际查看一下浏览器的请求头部。打开 Chrome 或 Firefox 浏览器，在网页空白处单击右键，选择"检查"（见图 2-1）或"查看元素"。

图 2-1　打开 Chrome 浏览器的检查工具

单击"检查"之后，浏览器下方弹出一个子页面，单击子页面上方菜单中的 Network，如图 2-2 所示。

图 2-2　Chrome 浏览器检查页面

　　现在重新输入一个网址，按回车键打开或者直接刷新一下主页，可以看到子页面下方出现了很多请求的 URL 记录，向上拉动右侧滚动条，找到最上面那条请求记录，可以看到最先发出的那条请求，单击这条记录，右侧会出现请求的详细信息，如图 2-3 所示。

图 2-3　查看请求的详细信息

下面是请求详细信息的前 3 行。

```
Request URL: https://www.baidu.com/
Request Method: GET
Status Code: 200 OK
```

很明显，这里显示了请求的网址、使用的请求方法和响应状态码等信息。

向下拉右侧滚动条，就能看到 Request Headers 的内容，也就是请求头部，如图 2-4 所示。

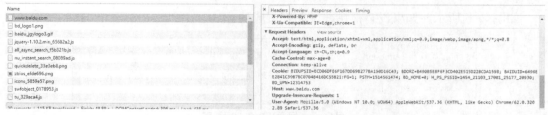

图 2-4　查看请求头部

从图中可以看到，请求的 Headers 是以类似字典的形式存在的，这个字典包含了用户代理（User Agent）的信息，例如下面是从浏览器中复制出的这次请求的 User Agent 信息。

```
Mozilla/5.0 (Windows NT 6.1; Win64; x64)
AppleWebKit/537.36 (KHTML, like Gecko)
Chrome/64.0.3282.167 Safari/537.36
```

本节展示的通过浏览器检查请求信息的方法，在后面的章节中会经常使用，读者应该掌握这种方法。2.2 节、2.3 节将介绍如何在 Python 中使用 Requests 库和 urllib 库实现本节所讲的 HTTP 请求。

2.2　爬虫基础——Requests 库入门

爬虫基础-Requests
用法详解

2.2.1　Requests 库的安装

这一节讲解 Python 中实现 HTTP 请求非常受欢迎、非常简洁的一种方法——使用 Requests 库。Requests 库是一个优雅而简单的 HTTP 库，是本书推荐读者使用的手写爬虫常用库。它不是 Python 标准库，需要安装，可以在命令行中使用 pip 安装。

```
>pip install requests
```

在 Linux 系统下，需要输入如下命令进行安装。

```
>sudo pip install requests
```

执行上述命令即可安装 Requests 库。安装完成后，需要在 Python 的 shell 或者 IPython shell 中导入 Requests 库。

```
>>>import requests
```

如图 2-5 所示，如果没有报错，说明安装成功。

```
(D:\python36\py36) D:\sp>python
Python 3.6.5 |Anaconda, Inc.| (default, Mar 29 2018, 13:32:41) [MSC v.1900
 64 bit (AMD64)] on win32
Type "help", "copyright", "credits" or "license" for more information.
>>> import requests
>>>
```

图 2-5 导入 Requests 库

2.2.2 Requests 库的请求方法

使用 Requests 发送网络请求非常简单。首先要导入 Requests 库。

```
>>>import requests
```

假如现在要获取豆瓣首页，可以使用以下命令。

```
>>>response = requests.get('https://www.douban.com/')
```

这样就使用 Requests 的 GET 方法获取到了豆瓣网站的首页，并把获取到的响应对象赋值给了 response。人们通过 Requests 的方法名称，很容易判断出它所使用的 HTTP 请求方法是 GET 方法。当然，也可以使用 Requests 的 POST 方法。

```
>>>requests.post('https://www.douban.com/')
```

后面的章节将介绍使用 POST 方法登录豆瓣网站。

Requests 实现 HTTP 其他的基本请求方式，也非常简洁明了，示例如下。

```
>>>requests.put('https://www.douban.com/')
>>>requests.delete('https://www.douban.com/')
>>>requests.head('https://www.douban.com/')
>>>requests.options('https://www.douban.com/')
```

2.2.3　Requests 库的响应对象

使用 Requests 请求方法后，系统会返回一个响应（response）对象，其存储了服务器响应的内容。现在回到最开始使用 GET 方法获取到的响应 response，可以使用 response.text 获取文本方式的响应体内容，Requests 会自动解码来自服务器的内容，大多数 Unicode 字符集都能被无缝解码。请求发出后，Requests 会基于 HTTP 头部对响应的编码做出有根据的推测。当访问 response.text 时，Requests 会使用其推测的文本编码。可以使用如下命令找出 Requests 使用了什么编码。

```
>>>response.encoding
'utf-8'
```

显然，Reqeusts 使用 utf-8 解码了来自豆瓣服务器的内容。也可以修改 response. encoding 属性来让 response.text 使用其他编码进行解码，示例如下。

```
>>>response.encoding = 'ISO-8859-1'
```

如果改变了编码，每次访问 response.text，Requests 都将会使用 response.encoding 的新值。大多数情况下，Requests 会自动解码来自服务器的内容，所以并不需要改变 response.encoding，只有在使用特殊逻辑计算出文本编码的情况下，才需要修改编码。例如 HTTP 和 XML 自身可以指定编码，这样的话，可以使用 response.content 查看网页源码来找到其编码方式，然后设置 response.encoding 为相应的编码。这样就能使用正确的编码解析 response.text 了。

刚才提到了 response.content，response.content 以字节的方式访问请求响应体，假如获取的是一张图片，可以直接保存请求返回的 response.content 二进制数据。

```
>>>with open('tupian.jpg', 'wb') as tp:
        tp.write(response.content)
```

2.2.4　响应状态码

响应状态码（HTTP Status Code）是用以表示网页服务器 HTTP 响应状态的 3 位数字代码。可以使用 response.status_code 查看响应状态码，示例如下。

```
>>>response = requests.get('https://www.douban.com/')
>>>response.status_code
200
```

下面是常见的 HTTP 状态码及其含义：200——请求成功； 301——资源（网页等）被永久转移到其他 URL；404——请求的资源（网页等）不存在；500——内部服务器错误。

为方便引用，Requests 还附带了一个内置的状态码查询对象。

```
>>>response.status_code == requests.codes.ok
True
```

通过判断响应状态码是否与 requests.codes.ok 相等，可以帮助人们在编写爬虫时判断是否正确地获取了资源。

2.2.5　定制请求头部

上一节讲过，服务器通过读取请求头部的用户代理（User Agent）信息，来判断这个请求是正常的浏览器还是爬虫。因此，可以为请求添加 HTTP 头部来伪装成正常的浏览器。只要简单地传递一个用户代理的 dict 给 headers 参数就可以了，示例如下。

```
>>>headers = {'User-Agent': 'Mozilla/5.0 (Windows
NT 10.0;WOW64) AppleWebKit/537.36 (KHTML, like
Gecko) Chrome/46.0.2490.80 Safari/537.36'}
>>>url = 'https://www.douban.com/'
>>>r = requests.get(url, headers=headers)
```

可以通过 r.request.headers 查看设置的请求头部，示例如下。

```
>>>r.request.headers
{'User-Agent': 'Mozilla/5.0 (Windows NT 10.0; WOW64)
AppleWebKit/537.36 (KHTML, like Gecko)
Chrome/46.0.2490.80 Safari/537.36',
'Accept-Encoding': 'gzip, deflate', 'Accept':
'*/*', 'Connection': 'keep-alive'}
```

可以看到里面 User-Agent 这一项的值正是所设置的用户代理。也可以使用以下代码查看以一个 Python 字典形式展示的服务响应头。

```
>>>r.headers
```

2.2.6　重定向与超时

默认情况下，除了 HEAD 请求方法，Requests 会自动处理所有重定向。可以使用响应对象的 History 方法来追踪重定向。例如访问 http://www.douban.com/，会被重定向到 https://www.douban.com/。

```
>>>r = requests.get('http://www.douban.com/')
>>>r.history
[<Response [301]>]
```

注意 r.history 返回的是一个 list，它是一个 response 对象的列表，为了完成请求而创建了这些对象。这个对象列表按照从最旧到最新的请求进行排序。可以使用 r.url 查看实际请求的 URL。

```
>>>r.url
'https://www.douban.com/'
```

有时在爬取网页的过程中，服务器没有响应，为了应对这种情况，可以告诉 Requests 在经过以 timeout 参数设定的秒数时间之后停止等待响应。基本上所有的生产代码都应该使用这一参数。如果不使用，程序可能会一直等待响应。

下面这条代码的意思是如果在 3 秒内收不到豆瓣服务器的响应，就会抛出一个 timeout 异常。

```
>>>requests.get('https://www.douban.com/', timeout=3)
```

2.2.7　传递 URL 参数

很多时候，网站会通过 URL 的查询字符串（query string）传递某种数据。例如，在豆瓣的搜索框中搜索关键字 python，会发现跳转的 URL 变为如下形式。

```
https://www.douban.com/search?q=python
```

这就是一个通过 URL 传递查询参数的例子，查询的数据会以键/值对的形式置于 URL 中，跟在一个问号的后面。Requests 允许使用 params 关键字参数，以一个字符串字典来提供这些参数。举例来说，如果想在豆瓣的书籍栏目中查询与 python 相关的内容，可以传递 q=python 和 cat=1001 到 https://www.douban.com/search，使用如下代码。

```
>>>payload = {'q': 'python', 'cat':'1001'}
>>>r = requests.get('https://www.douban.com/search', params=payload)
```

通过打印输出该请求 URL，能看到 URL 已被正确编码。

```
>>>print(r.url)
https://www.douban.com/search?q=python&cat=1001
```

2.3 爬虫基础——urllib 库基础

2.3.1 urllib 库简介

urllib 库是 Python 的标准库，提供了一系列用于操作 URL 的功能，其大部分功能与 Requests 库类似，也有一些特别的用法。它的 API 并不像 Requests 那样直观简洁，所以在这里只简要地介绍一下 urllib 库的使用方法，让读者知道这个库的用法，后面的爬虫实例还是以 Requests 库作为编写简单爬虫的主要工具。

urllib 库是 Python 标准库提供的一个用户操作 URL 的模块，Python 3 把原来 Python 2 的 urilib 库和 urllib 2 库合并成了一个 urllib 库，现在讲解的就是 Python 3 中的 urllib 库。

urllib 库含有 4 个模块，主要作用如下：urllib.request——打开和读取 URL；urllib.error——包含 urllib.request 各种错误的模块；urlib.parse——解析 URL；urllib.robotparse——解析网站 robots.txt 文件。

urllib.request 模块用得最多，这里将着重讲解。urllib.parse 模块拥有与 Requests 库不同的、特别的用处，这里也简单介绍一下。

2.3.2 发送 GET 请求

下面来看如何使用 urllib 库发送 GET 请求。例如，要抓取豆瓣的首页并打印响应内容。

```
>>>from urllib.request import urlopen
>>>html = urlopen('https://www.douban.com/')
>>>response = html.read()
>>>print(response)
```

这里首先从 urllib.request 模块引入 urlopen 函数，然后使用这个函数向豆瓣首页发送请求，它会返回一个二进制的对象 html，对这个 html 对象进行 read()操作，可以得到一个包含网页内容的二进制响应（response），最后打印出这个 response。也可以对返回响应解码（decode），打印响应的文本内容。

```
>>>print(response.decode('utf-8'))
```

这里对 response 使用 utf-8 解码，获取它的文本内容。

也可以像 Requests 库那样传递 URL 参数，例如，还是要在豆瓣的书籍栏目中查询与 Python 相关的内容，可以使用如下代码。

```
>>>import urllib.request
>>>import urllib.parse
>>>payload = {'q': 'Python', 'cat': '1001'}
#这里需要对传递的 URL 参数进行编码
>>>payload_encode = urllib.parse.urlencode(payload)
>>>request_url = 'https://www.douban.com/search'
#构造请求的 URL 地址，添加参数到 URL 后面
>>>request_url += '?' + payload_encode
#发起请求
>>>response = urllib.request.urlopen(request_url)
#使用 UTF-8 解码并打印响应的文本
>>>print(response.read().decode('utf-8'))
```

注意这里与 Requests 不同，要对传递的 URL 参数进行编码，所以需要引入 urllib.parse 模块对 payload 进行编码，然后构造请求的 URL 地址。可以打印出刚刚构造的 URL 看一下。

```
>>>print(request_url)
https://www.douban.com/search?q=python&cat=1001
```

从上面传递 URL 参数发起请求的过程不难看出，urllib 库在使用方面没有 Requests 库那么直观和简单，需要编写更多的代码才能达到与 Requests 相同的结果。

也可以在 response 上使用 geturl()获取当前所爬取的 URL 地址。

```
>>>print(response.geturl())
https://www.douban.com/search?q=python&cat=1001
```

还可以使用 getcode()查看爬取网页的状态码。

```
>>>print(response.getcode())
200
```

2.3.3 模拟浏览器发送 GET 请求

与 Requests 库一样，urllib 库允许设置一些 Headers 信息，模拟成浏览器去访问网站，从而避免被服务器反爬虫禁止。如果想伪装成浏览器发送 GET 请求，就需要使用

Request 对象，通过往 Request 对象添加 HTTP 请求头部，就可以把请求伪装成浏览器。伪装成 Chrome 浏览器爬取豆瓣首页的示例如下。

```
>>>import urllib.request
>>>import urllib.parse
>>>url = 'https://www.douban.com/'
#定义 headers
>>>headers = {'User-Agent': 'Mozilla/5.0 (Windows NT \
           10.0;WOW64) AppleWebKit/537.36 (KHTML, like \
           Gecko) Chrome/46.0.2490.80 Safari/537.36'}
#创建 request 对象并添加 headers
>>>request = urllib.request.Request(url,
headers = headers)
>>>response = urllib.request.urlopen(request).read()
```

上面的代码首先设置要爬取的网址和请求头部，然后调用 urllib.request.Request()函数创建一个 request 对象，该函数传入请求 URL 和请求头部，请求头部使用参数 headers，它有默认值，默认是不传任何头部。这时已经成功设置好报头，然后使用 urlopen 方法打开该 Request 对象即可打开对应的网址。这里为了防止网页长时间未响应，可以设置超时的时间值。可以在 urllib.request.urlopen 打开网址的时候，通过添加 timeout 字段进行设置。

```
>>>response = urllib.request.urlopen(request, timeout=3).read()
```

2.3.4 POST 发送一个请求

如果要 POST 发送一个请求，只需要把参数 data 以 bytes 形式传入即可。例如这里向 http://httpbin.org/post 这个网址 POST 一个 dict 数据，然后查看它的响应。

```
>>>from urllib import request, parse
#首先对数据进行转码
>>>post_data = parse.urlencode([('key1', 'value1'),
                               ('key2', 'value2')])
#创建 request 对象
>>>url = request.Request('http://httpbin.org/post')
#添加 headers
>>>url.add_header('User-Agent','Mozilla/5.0 (Windows NT \
```

```
                10.0;WOW64) AppleWebKit/537.36 (KHTML, \
                like Gecko) Chrome/46.0.2490.80 Safari/537.36')
>>>response = request.urlopen(url,
                        data=post_data.encode('utf-8')).read()
```

可以打印 response 查看，会发现它返回了刚刚 POST 的数据。

2.3.5　URL 解析

urllib.parse 提供了几个可以用来为爬虫提供 URL 解析的工具，这几个工具是 Requests 库所没有的。

1. urlparse：拆分 URL

urlparse 模块会将一个普通的 URL 解析为 6 个部分，返回的数据类型都是元组。返回的 6 个部分分别是 scheme（机制）、netloc（网络位置）、path（路径）、params（路径段参数）、query（查询）、fragment（片段）。

示例如下。

```
>>>from urllib.parse import urlparse
>>>urlparse('https://www.douban.com/search?cat=1001&q=python')
ParseResult(scheme='https',
netloc='www.douban.com', path='/search',
params='', query='cat=1001&q=python',
fragment='')
```

2. urlunparse：拼接 URL

urlunparse 可以拼接 URL，为 urlparse 的反向操作，它可以将已经分解的 URL 再组合成一个 URL，示例如下。

```
>>>from urllib.parse import urlunparse
>>>data = ['https', 'www.douban.com',
           '/search', '', 'cat=1001&q=python', '']
>>>print(urlunparse(data))
https://www.douban.com/search?cat=1001&q=python
```

3. urljoin：拼接两个 URL

urljoin 这个函数可以很方便地拼接 URL，示例如下。

```
>>>from urllib.parse import urljoin
>>>urljoin('https://www.douban.com', 'accounts/login')
https://www.douban.com/accounts/login
>>>urljoin('https://www.douban.com', '/accounts/login')
https://www.douban.com/accounts/login
>>>urljoin('https://www.douban.com/accounts/', '/accounts/login')
https://www.douban.com/accounts/login
```

可以看到，urljoin 这个函数会自行判断两个 URL 之间是否有重复的路径，从而拼接成正确的 URL。在构造爬虫 URL 时，有时候会用到 urljoin 这个函数构造爬虫 URL 的完整路径。

2.4 本章小结及要求

本章介绍了 HTTP 请求的含义，讲解了 Requests 库的一些常见基础用法，读者现在如果不能全部记住这些方法也没有关系，后面的实例将实际使用这些方法爬取网页，同时后续章节将通过实例介绍 Reqeusts 库发送表单形式的数据、使用 IP 代理等其他高级用法。本章还简单讲解了 urllib 库的基本用法，urllib 库还有很多高级用法，读者可以查阅它的官方文档。由于 Reqeusts 库已经可以满足编写简单爬虫的大部分需求并且更简单、使用更方便，本书后面的章节在讲解实际爬取网站的技巧时，都会使用 Reqeusts 库，读者简单了解 urllib 库的这部分内容即可，应重点了解 URL 解析这部分的用法，在构造爬虫 URL 的时候，有可能用到这部分工具。

本章要求读者学会 Requests 库的常见基础用法，能够在 Python 解释器中使用 Requests 库实现发送请求、将获取到的响应解码保存到本地计算机上，为下一步编写简单爬虫打好基础。

第 3 章

网页解析基础

3.1 网页解析概述

3.1.1 常用网页解析工具

除了向服务器发出请求、下载 HTML 源码，要获取结构化的数据还面临着一个最常见的任务，就是从 HTML 源码中提取数据。第 1 章曾经介绍过 Python 中解析网页主要用到 3 种工具——正则表达式、Lxml 库、Beautiful Soup。

鉴于以上 3 种工具的特点，本章重点讲解使用 Lxml 库和其使用的 XPath 语法，因为 XPath 基本上能满足从 HTML 网页中提取信息的绝大部分需求，而且简单、易于掌握，解析速度也快。本章也会简单讲解 Beautiful Soup 和正则表达式，读者在需要的时候可以继续查阅相关文档，深入学习。

3.1.2 HTML 源码简介

HTML 是一种超文本标记语言，简单理解就是为某些字句加上标志的语言，从而实现预期的特定效果，网页正是由这种 HTML 语言所编写出来的。作为一种标记语言，基本上只要明白各种标记的用法就算学会了 HTML。

HTML 的语法格式分为嵌套与非嵌套两类，嵌套格式为＜标记＞…＜/标记＞，非嵌套仅有＜标记＞。此外，根据标记的不同，有的标记附带有属性参数，则表示为

```
<标记  属性="参数值">
```

下面通过 Scrapy 文档服务器的一个样例页面来讲解一下 HTML 源码。

```
<html>
  <head>
```

```
    <base href='http://example.com/'/>
    <title>Example website</title>
  </head>
<body>
  <div id='images'>
    <a href='image1.html'>Name: My image 1 <br/><img src='image1_thumb.
jpg'/></a>
    <a href='image2.html'>Name: My image 2 <br/><img src='image2_thumb.
jpg'/></a>
    <a href='image3.html'>Name: My image 3 <br/><img src='image3_thumb.
jpg'/></a>
    <a href='image4.html'>Name: My image 4 <br/><img src='image4_thumb.
jpg'/></a>
    <a href='image5.html'>Name: My image 5 <br/><img src='image5_thumb.
jpg'/></a>
  </div>
</body>
</html>
```

1. <html></html>标签

<html></html>这一对标签之间的内容描述整个网页。

2. HTML 文档的头部

位于<head></head>中的内容就是 HTML 文档的头部，其中除了网页标题<title>Example website</title>显示在浏览器顶端之外，其他内容并不通过浏览器直接显示给用户，而是有其他的作用。

头部元素也有从文档外部来声明的属性，如 CSS（层叠式样表）等。

3. 网页主体内容

位于<body></body>之间的所有内容是一个网页的主体，也就是浏览器窗口中可以出现的所有信息。

4. 链接

<a href="网址">链接名称</a>创建了一个指向"网址"的超链接，其显示为"链接名称"。

5. <div></div>标签

<div></div>这一对标签用来排版大块 HTML 段落。

6. </br>

</br>为断行的标签。

这里只是对 HTML 文档的代码做一个大致的介绍，目的在于让读者对 HTML 代码有一定的感性认识。下节开始介绍使用 XPath 语法从 HTML 源码中提取信息的方法。

3.2 XPath 语法基础

爬虫基础-Xpath
语法详解

3.2.1 Lxml 库的安装

Lxml 库是效率非常高且简单易学的网页解析库，是本书推荐读者首先要学习的网页解析库。Lxml 库不是 Python 标准库，需要自行安装。可以在命令行里面用 pip 命令来安装 Lxml 库。

```
>pip install lxml
```

在 Windows 平台使用上面的命令安装，可能会出现各种各样的问题，这里向读者介绍在 Windows 平台上安装 Lxml 库的两种方法。

1. 直接下载二进制 whl 安装包（推荐）

第一步，从 http://www.lfd.uci.edu/~gohlke/pythonlibs/#lxml 下载与系统位数、Python 版本对应的 whl 安装包。

第二步，假如下载目录为 D:\Downloads，使用如下命令安装（注意将文件名替换成实际下载的文件名）。

```
>pip install D:\Downloads\lxml-4.2.1-cp36-cp36m-win_amd64.whl
```

这样就可以成功在 Windows 上安装 Lxml 了。

上述下载 whl 安装包的网址提供了非常多的 Windows 二进制 Python 安装包，在 Windows 平台安装 Python 包遇到问题的时候，可以尝试在这里下载安装包并安装。还有一点要注意，要下载与 Windows 位数及安装的 Python 版本对应的安装包。例如，

Windows 是 64 位的，安装了 Python 3.6.3，要下载的版本为 lxml-4.2.1-cp36-cp36m-win_amd64.whl。

2. 直接安装 Anaconda 的 Python 发行版本

Anaconda 默认会安装 Lxml，可以从其官网下载与自己的系统位数相对应的 Anaconda 安装包，下载完成后直接双击安装即可。Anaconda 非常适合从事数据分析人员安装使用。

3.2.2 XPath 语法基础——通过路径查找元素

XPath 即为 XML 路径语言，它是一种用来确定 XML 文档中某部分位置的语言。XPath 基于 XML 的树状结构，有不同类型的节点，包括元素节点、属性节点和文本节点，提供在数据结构树中寻找节点的能力。XPath 通常被开发者用来当作小型查询语言。下面用例子来演示 XPath 的用法。

首先导入 Requests 和 lxml.etree 这两个模块。

```
>>>import requests
>>>from lxml import etree
```

爬虫基础-Xpath
高级用法

Lxml 大部分功能都存在于 lxml.etree 下，我们主要使用 etree 这个模块，所以这里从 Lxml 导入 etree。

然后定义一个 HTML 源码作为例子，示例如下。

```
htm="""
...<div>
...    <ul>
...        <li class="item-0"><a href="link1.html">first item</a></li>
...        <li class="item-1"><a href="link2.html">second item</a></li>
...        <li class="item-inactive"><a href="link3.html">third item</a></li>
...        <li class="item-1"><a href="link4.html">fourth item</a></li>
...        <li class="item-0"><a href="link5.html">fifth item</a></li>
...        <li class="else-0">else item</li>
...         another item
...    </ul>
...</div>
..."""
```

这段 HTML 源码的最外层是一对<div>标签，里面一层是一对<ul>标签，<ul>标签里有六对<li>标签，前五对<li>标签每一个又包含着一对<a>标签。这就是本段 HTML 源码的结构，它的这种结构是一层一层的，如果想找第一个<li>标签，可以从头开始找：先找到<div>→然后找<ul>→最后找第一个<li>。

XPath 语法实际上就是使用这种层级的路径来找到相应元素的，它非常类似于人们日常使用的地址，它们都是从大的范围一直缩小到具体的某个地址上。当然了，如果要找的某个元素或地址是独一无二的，可以直接指明这个地址，不需要用这种层级关系来一层一层地定位。XPath 对这种独一无二的元素可以直接定位。下面具体用代码来实现元素的查找和定位。

首先需要使用 HTML 源码初始化 etree。

```
>>>selector = etree.HTML(htm)
```

这样就得到了一个名字叫作 selector 的 Element 对象，可以对这个 Element 对象使用 XPath 筛选，系统会返回一个筛选的结果列表。

先查找所有的<li>标签。XPath 使用//来表示从根节点开始查找。

```
>>>all_li = selector.xpath('//div/ul/li')
```

上面的代码对 selector 这个 Element 对象使用 XPath 方法，方法的参数就是 XPath 路径，这个路径是一个字符串的形式，上面代码中'//div/ul/li'这个 XPath 路径可以这样理解：从根节点开始查找<div>，然后寻找<div>下面的<ul>标签，最后在<ul>下面找到所有的<li>标签。

这样就查找到了所有的<li>标签，可以打印一下查看。

```
>>>print(all_li)
[<Element li at 0x72711c8>, <Element li at
0x7271148>, <Element li at 0x7271108>,
<Element li at 0x72710c8>, <Element li at
0x7271088>, <Element li at 0x7271648>]
```

这是一个所有<li>标签的列表。如果想定位第一个<li>标签，可以编写如下代码。

```
>>>li_1 = selector.xpath('//div/ul/li[1]')
```

这里还是使用了路径查找，只是指定了<li>标签的序号，使用 li[1]这种形式，说明要提取的是第一个<li>，要特别注意，XPath 语法中的序号是从 1 开始的，与 Python 切片语法中从 0 开始切片是不一样的。还要注意，因为<div>标签和<ul>标签都只有一个，所以在查找和定位的时候没有使用序号。

前面已经找到了第一个<li>标签，现在要提取第一个<li>标签下的<a>标签里面的文本，可以在路径中使用 text()这种方法提取文本信息。

```
>>>li_1_a_text = selector.xpath('//div/ul/li[1]/a/text()')
>>>print(li_1_a_text)
['first item']
```

上面的代码还是按照路径一步步找到<a>，然后使用 text()提取出其中的文本信息，提取出来的信息是只有一个元素的列表，可以对这个列表切片，直接取出其中的文本内容。读者一定要学会使用 text()提取文本信息。

读者可能会注意到，既然在这段源码里面<ul>标签是唯一的，可以直接从根节点去定位<ul>标签，这样不会有任何歧义，因此提取第一个<li>标签里面<a>标签的文本也可以按如下形式编写。

```
>>>li_1_a_text = selector.xpath('//ul/li[1]/a/text()')[0]
>>>print(li_1_a_text)
'first item'
```

3.2.3 通过属性查找元素

下面来看如何使用属性查找元素。

在源码中有<li class="item-0">这种形式的代码，这里的 class 就是一个<li>标签的属性，同样道理，<a href="link1.html">里的 href 是<a>标签的一个属性。可以通过属性定位元素。

例如要找第三个<li>标签，第三个<li>元素的属性是 class="item-inactive"，可以编写如下代码来定位它。

```
>>>li_3 = selector.xpath('//ul/li[@class="item-inactive"]')
```

利用属性来定位元素要使用类似[@class="item-inactive"]这种语法形式。再看一下HTML 源码，这个属性在整个 HTML 源码里是唯一的，因此可以从根目录直接根据这个属性定位到第三个<li>标签。

```
>>>li_3 = selector.xpath('//*[@class="item-inactive"]')
```

　　上面的 XPath 路径中的 * 代表任意的标签，这个路径的含义就是：从根节点开始查找 class 属性等于 item-inactive 的任意标签，因为这个属性是唯一的，所以直接就定位到了第三个<li>标签处。这个时候如果想取出里面<a>标签下的文本，可以编写如下代码。

```
>>>li_3_a_text = selector.xpath('//*[@class="item-inactive"]/a/te xt()')
```

　　既可以在单引号里面使用双引号，也可以在双引号里面使用单引号，但是同时使用单引号和双引号会出现问题。上面使用了<li>的 class 属性来定位元素，同样可以使用<a>标签的 href 属性来定位，效果是完全相同的。

```
>>>li_3_a_text = selector.xpath('//a[@href="link3.html"]/text()')
```

3.2.4　提取属性值

　　提取属性值就是说，想要提取的内容是某个标签里的某个属性的值，例如要提取第三个<li>里的<a>标签的 href 属性值，可以编写如下代码。

```
>>>li_3_a_href = selector.xpath('//ul/li[3]/a/@href')
```

　　这里通过 @href 这种语法形式提取了<a>标签的 href 属性值。
　　最后编写如下代码取出所有<li>标签的 class 属性。

```
>>>all_class = selector.xpath('//li/@class')
```

　　这里从根节点开始查找<li>标签，但是有很多个<li>标签，路径中没有使用序号指明是哪一个<li>标签，那就代表要提取的是全部的<li>标签，然后使用@class 取出所有<li>标签的 class 属性值。

3.2.5　XPath 的高级用法

　　HTML 源码共有 6 个<li>标签，现在假设要提取前 5 个<li>标签，前 5 个<li>标签的特点：虽然它们的 class 属性不尽相同，但都是以 item- 开头的。可以利用这个特点，提取出前 5 个<li>标签。

```
>>>li_1_5 = selector.xpath('//li[starts-with(@class,"item-")]')
```

这里使用 starts-with 这样一种语法形式，成功地定位到了所有 class 属性以 item- 开头的<li>标签。

如果提取出来的元素里面包含着子元素或者说提取出来的是一个代码段，可以对它继续使用 XPath 查找。例如上面提取了前 5 个<li>标签，实质上是 5 个代码段，因为这些<li>标签里还都包含着<a>标签，可以对提取出来的<li>标签继续使用 XPath 方法，查找里面的文本内容。

```
>>>li_1_5_a_text = []
>>>for li in li_1_5: li_1_5_a_text.append(li.xpath('a/text()')[0])
```

这里使用了一个 for 循环，对提取出来的前 5 个<li>标签的 HTML 代码分别继续使用 XPath 方法，通过相对路径 a/text()查找出了它们包含的<a>标签里面的文本信息。也可以使用 .//a/text()这样的相对路径来查找，.// 表示以当前元素为根节点向下查找。

上面的例子是为了说明对提取出来的代码段可以继续使用 XPath 方法，其实如果提取前 5 个<li>标签下<a>标签里的文本，没必要使用 for 循环，可以直接编写如下代码。

```
>>>li_1_5_a_text = selector.xpath('//li[starts-with\
                                 (@class,"item-")]/a/text()')
```

结果与上面是完全相同的。

来看最后一个例子：如何从代码段中提取出所有的文本。现在假设想要提取<ul>里各层级下全部的文本。这段 HTML 源码的特点：<a>标签里、最后一个<li>标签里，甚至<ul>标签里都包含有文本信息。如果使用如下代码只能提取到<ul>这一层的文本。

```
>>>ul_text = selector.xpath('//ul/text()')
```

要提取<ul>里各层级下全部的文本，可以使用下面的代码。

```
>>>all_text = selector.xpath('string(//ul)')
```

这里在路径的外面添加了 string()，这样就成功地提取出<ul>标签里所有的文本信息。然后可以使用列表推导式取出所有的文本。

```
>>>[s.strip() for s in
all_text.strip().split('\n')]
```

```
['first item',
 'second item',
 'third item',
 'fourth item',
 'fifth item',
 'else item',
 'another item']
```

以上使用了一段 HTML 代码作为例子，为读者详细讲解了使用 XPath 提取数据的各种技巧和方法。

3.3　抓取百度首页实例

这节用一个抓取百度首页的例子让读者深入理解 Requests 库和 XPath 语法知识，同时，通过这个例子讲解 Chrome 浏览器的检查工具。之所以选择抓取百度首页，是因为这个页面相对简单，非常有利于初学者理解下载网页、提取数据的整个过程。图 3-1 所示为百度首页页面。

图 3-1　百度首页页面

百度的首页元素很少，非常简洁。要抓取的目标内容就是右上角"新闻"链接的名称和其 URL。编写如下代码导入需要的库。

```
>>>import requests
>>>from lxml import etree
```

使用 Requests 的 GET 方法获取百度的首页。

```
>>>response = requests.get('https://www.baidu.com/')
```

用获取的文本形式 HTML 源码文件初始化 etree。

```
>>>response.encoding = 'utf-8'     #使用 utf-8 解码
>>>selector = etree.HTML(response.text)
```

etree 提供了 HTML 这个解析函数，使得可以直接对 HTML 源码使用 XPath 语法查找。下面需要分析网页中要提取元素的 XPath 路径，可以使用 Chrome 浏览器帮助编写 XPath 路径。在百度页面空白处单击右键，在弹出的菜单中选择"检查"，页面下方弹出一个子页面（也可能出现在页面右边，可以通过单击子页面右上角竖着的 3 个点图标，以更改显示的位置），如图 3-2 所示。

图 3-2 Chrome 浏览器检查页面

在弹出的检查子页面左上角有一个选择箭头，用鼠标单击这个图标，让它变蓝色，这样就进入了选择状态，这时用鼠标单击页面中“新闻”这个栏目链接，下面的 Elements 代码就会定位到显示“新闻”这个链接的代码位置，如图 3-3 所示。

图 3-3 定位并显示“新闻”链接的代码

可以看到变蓝色的这一行代码正是“新闻”这个链接对应的 HTML 代码。现在可以分析这一行 HTML 代码，看看提取“新闻”这个栏目的名称（其实就是“新闻”两个字）和其 URL 的 XPath 路径应该怎么写。

查看变蓝色的这一行代码，可以发现这一行是一个<a>标签，需要的文本信息就在这个<a>标签里，而其 href 属性就是“新闻”栏目的 URL，所以只要定位到这个<a>标签，就能提取出需要的信息。

Chrome 浏览器为编写 XPath 路径提供了一个极其方便的办法：可以在变蓝色的这一行代码上单击右键，然后选择 Copy 下的 Copy XPath，直接复制出这一行代码的 XPath 路径，如图 3-4 所示。

读者可能会疑惑，XPath 路径这么简单就复制下来了，前面讲解的内容是不是就没有用处了呢？当然不是，主要原因有如下几个。

（1）在很多复杂页面中，直接复制出来的 XPath 可能就是很长的一串带有序号的 <div>和<ul>等标签组成的字符串，可读性和可扩展性很差。如果能通过观察，使用特别的属性来定位，编写的 XPath 路径扩展性强，不会因为页面之间的差异造成定位不准。

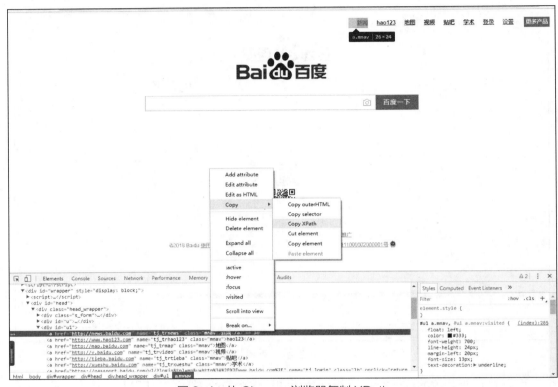

图 3-4　从 Chrome 浏览器复制 XPath

（2）第 7 章将讲到动态网页的抓取，如果在动态网页中直接复制 XPath，可能复制出来的 XPath 并不能定位到实际需要的元素，这就需要根据元素和属性的特点进行分析。

（3）可以通过比较复制的两个 XPath 路径之间的不同，简化编写相对路径的工作。

现在已经从 Chrome 浏览器复制了 XPath 路径，它的形式是//*[@id="u1"]/a[1]，这个路径的含义是：从根节点查找 id 属性等于 u1 的标签下的第一个<a>标签。读者可能会有疑问，id="u1"是否在整个页面中是唯一的？当然了，这个路径是完全没有问题的、可以用的，为了演示判断唯一性的技巧，下面就来验证一下。在百度首页单击鼠标右键，在弹出的菜单中选择"查看网页源码"，在新打开的页面中显示了整个 HTML 网页源码，如图 3-5 所示。若按下 Ctrl+F 组合键搜索 id="u1"，就会发现这个属性的确是唯一的，可以通过这个属性直接定位到新闻所在的<div>标签。

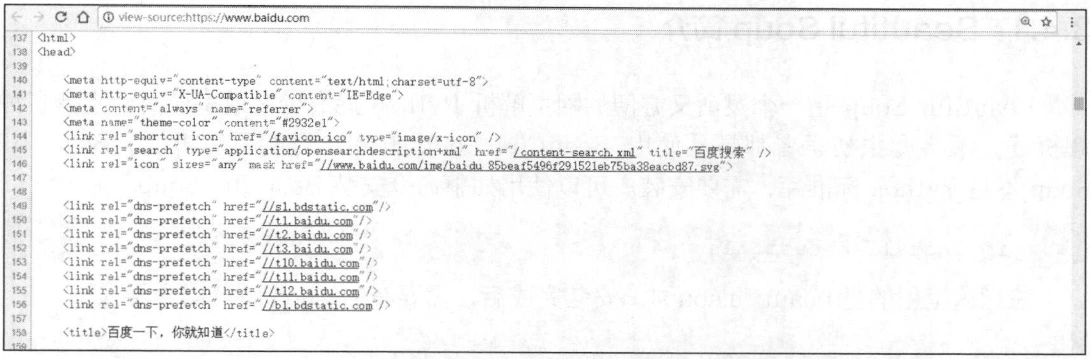

图 3-5　百度首页源码

现在使用 text() 和 @href 提取出需要的信息。

```
>>>news_text = selector.xpath('//*[@id="u1"]/a[1]/text()')[0]
>>>news_url = selector.xpath('//*[@id="u1"]/a[1]/@href')[0]
>>>print(news_text)
新闻
>>>print(news_url)
http://news.baidu.com
```

从打印结果可以看到，我们已经成功提取到了目标信息。

这一节通过一个非常简单的例子实践了抓取百度首页一个栏目名称和链接的过程。讲得比较详细，主要是为了向读者展示整个分析的过程，读者要学会使用 Chrome 浏览器定位和分析页面元素。实际上，利用好 Chrome 浏览器 "检查" 这个功能，能大大提高编写爬虫的效率。后面的爬虫实例将多次使用 Chrome 浏览器来分析目标网站。

3.4　Beautiful Soup 库和正则表达式

如前所述，除了 Lxml 库，网页信息的提取还有另外两种常用工具——Beautiful Soup 和正则表达式。由于 Lxml 库的功能基本可以满足提取信息的需求，提取效率高，学习成本低，使用也非常方便，因此这一节只对 Beautiful Soup 和正则表达式做简单介绍，读者以后在遇到这方面问题时，可以查询其他文档。其实读者完全可以跳过这一节，直接学习下一章的内容。

3.4.1 Beautiful Soup 简介

Beautiful Soup 是一个灵活又方便的网页解析 Python 库，处理效率较高，支持多种解析器，很多爬虫初学者都是从使用 Beautiful Soup 开始学习网页解析的。Beautiful Soup 不是 Python 标准库，需要安装。可以使用如下命令安装 Beautiful Soup。

```
>pip install beautifulsoup4
```

注意这里用的是 beautifulsoup4。安装完成后，需要在 Python 解释器中导入。

```
>>>from bs4 import BeautifulSoup
```

下面还是使用讲解 XPath 语法的 HTML 源码做例子。

```
htm="""
...<div>
...    <ul>
...        <li class="item-0"><a href="link1.html">first item</a></li>
...        <li class="item-1"><a href="link2.html">second item</a></li>
...        <li class="item-inactive"><a href="link3.html">third item</a></li>
...        <li class="item-1"><a href="link4.html">fourth item</a></li>
...        <li class="item-0"><a href="link5.html">fifth item</a></li>
...        <li class="else-0">else item</li>
            another item
...    </ul>
...</div>
..."""
```

首先将定义的 htm 传入 Beautiful Soup 的构造方法，得到一个文档对象 soup。

```
>>>soup = BeautifulSoup(htm, 'lxml')
```

Beautiful Soup 的构造方法的第一个参数是要解析的 HTML 文档，第二个参数是 Beautiful Soup 的解析器。Beautiful Soup 支持 Python 标准库中的 HTML 解析器、Lxml 解析器，还支持一些其他第三方解析器，如果不安装这些第三方的解析器，Beautiful Soup 会使用 Python 默认的解析器。Lxml 解析器更加强大，速度更快，推荐读者安装使用。上面的构造方法就使用了 Lxml 解析器。

3.4.2 Beautiful Soup 基本用法

使用 soup.x（x 代表标签名）这种形式可以获得标签的内容，如图 3-6 所示。

```
>>>print(soup.ul)
```

```
In [128]: print(soup.ul)
<ul>
<li class="item-0"><a href="link1.html">first item</a></li>
<li class="item-1"><a href="link2.html">second item</a></li>
<li class="item-inactive"><a href="link3.html">third item</a></li>
<li class="item-1"><a href="link4.html">fourth item</a></li>
<li class="item-0"><a href="link5.html">fifth item</a></li>
<li class="else-0">else item</li>
            another item
    </ul>
```

图 3-6　使用 soup.ul 获得标签内容

图 3-6 中打印出了<ul>标签的全部内容。如果文档中有多个同样的标签，返回的结果是第一个标签的内容，示例如下。

```
>>>print(soup.li)
<li class="item-0"><a href="link1.html">first
item</a></li>
```

在标签后面加上.string，就可获取标签内的文本，例如加上.string 获取第一个<a>标签的文本内容。

```
>>>print(soup.a.string)
first item
```

当然也可以通过嵌套的方式获取。

```
>>>print(soup.ul.li.a.string)
first item
```

可以使用"标签[属性]"这种形式来获取属性值，如编写如下代码获取第一个<a>标签的 href 属性。

```
>>>print(soup.ul.li.a['href'])
link1.html
```

也可以使用 GET 方法获取属性。

```
>>>print(soup.ul.li.a.get('href'))
link1.html
```

可以使用 .contents 形式将所有子标签存入一个列表中，如图 3-7 所示。

```
In [134]: print(soup.ul.contents)
['\n', <li class="item-0"><a href="link1.html">first item</a></li>, '\n', <li cl
ass="item-1"><a href="link2.html">second item</a></li>, '\n', <li class="item-in
active"><a href="link3.html">third item</a></li>, '\n', <li class="item-1"><a hr
ef="link4.html">fourth item</a></li>, '\n', <li class="item-0"><a href="link5.ht
ml">fifth item</a></li>, '\n', <li class="else-0">else item</li>, '\n
 another item\n        ']
```

图 3-7　将所有子标签存入一个列表中

这样打印出的是一个列表。如果使用 soup.ul.children，得到的内容与 soup.ul.contents 完全相同，但它是一个迭代器的形式。

3.4.3　Beautiful Soup 标准选择器

1. find_all 方法

find_all 方法搜索当前标签的所有子节点，并判断是否符合过滤器的条件。find_all 方法是 Beautiful Soup 最常用的方法。

例如，要获取所有的<a>标签，应编写如下代码。

```
>>>all_a = soup.find_all('a')    #find_all 也可简写为 soup(a)
```

获取第二个<a>标签的文本信息，应编写如下代码。

```
>>>a2_text = soup.find_all('a')[1].string
```

注意列表的切片是从 0 开始的。也可以使用属性定位第二个<a>标签。

```
>>>a2_text = soup.find_all(attrs={'href':"link2.html"})[0]. st ring
          second item
```

上面使用了 attrs 参数定义一个字典参数，以搜索包含特殊属性的标签。也可以选择所有 class 属性等于 item-1 的标签，然后取出第一个。

```
>>>a2_text = soup.find_all(class_='item-1')[0].string
>>>print(a2_text)
 second item
```

这里要注意，class_是带有下画线的，因为 class 是 Python 的语法关键词，如果没有下画线，会出现语法错误。Beautiful Soup 也可按 id 搜索：如果包含一个名字为 id 的参数，搜索时会把该参数当作指定名字标签的属性来搜索。

```
>>>soup.find_all(id='xxx')
```

图 3-8 中的例子查找所有包含 class 属性的标签，无论 class 属性的值是什么，这个方法同样可以应用在其他属性上。

```
In [141]: soup.find_all(class_=True)
Out[141]:
[<li class="item-0"><a href="link1.html">first item</a></li>,
 <li class="item-1"><a href="link2.html">second item</a></li>,
 <li class="item-inactive"><a href="link3.html">third item</a></li>,
 <li class="item-1"><a href="link4.html">fourth item</a></li>,
 <li class="item-0"><a href="link5.html">fifth item</a></li>,
 <li class="else-0">else item</li>]
```

图 3-8　查找所有包含 class 属性的标签

2. get_text()

如果只想得到标签中包含的文本内容，可以用 get_text()方法，这个方法获取标签中包含的所有文本内容（包括子孙节点中的文本内容），并将结果字符串返回，如图 3-9 所示。

```
In [142]: soup.ul.get_text()
Out[142]: '\nfirst item\nsecond item\nthird item\nfourth item\nfifth item\nelse
item\n                another item\n        '
```

图 3-9　获取标签中包含的所有文本内容

这样就提取了<ul>下（包括子孙节点）的全部文本内容。读者可以与 XPath 使用 string()这种提取方法的结果对比，看看是否相同。

3.4.4　正则表达式

正则表达式是用于处理字符串的强大工具，其他编程语言中也有正则表达式的概念，区别只在于不同的编程语言实现支持的语法数量不同。正则表达式拥有自己独特的语法及一个独立的处理引擎，在提供了正则表达式的语言里，正则表达式的语法都是一样的。正则表达式无论是编写还是阅读，都相对复杂，这里只做简单的入门介绍。

Python 标准库中的 re 模块提供正则表达式的全部功能，可以直接导入。

```
>>>import re
```

使用 re 的一般步骤如下。

第一步将正则表达式的字符串形式编译为 Pattern 实例。

第二步正则表达式处理函数使用 Pattern 实例处理文本并获得匹配结果。

下面首先介绍 Python 中常用的正则表达式处理函数，然后给出构造正则表达式 Pattern 的语法规则。

1. 常用的正则表达式处理函数

（1）re.match 函数

re.match 尝试从字符串的起始位置匹配一个模式，如果不是起始位置匹配成功，re.match 就返回 None。

以下为 re.match 函数的语法。

```
re.match(pattern, string[, flags])
```

这里 pattern 代表匹配的正则表达式；string 是要匹配的字符串；flags 是可选参数，用于指定匹配模式。

（2）re.search 方法

re.search 扫描整个字符串并返回第一个成功的匹配。以下为 re.search 函数的语法。

```
re.search(pattern, string[, flags])
```

这里 pattern、string 和 flags 的含义同 re.match。

（3）re.split

re.split 按照能够匹配的子串将 string 分割后返回列表。以下为 re.split 函数的语法。

```
re.split(pattern, string[, maxsplit])
```

maxsplit 用于指定最大分割次数，不指定时将全部分割。

（4）re.findall

re.findall 以列表形式返回全部能匹配的子串。以下为 re.findall 函数的语法。

```
re.findall(pattern, string[, flags])
```

（5）re.sub

re.sub 用于替换每一个匹配的子串并返回替换后的字符串。以下为 re.sub 函数的语法。

```
re.sub(pattern, repl, string[, count])
```

re.sub 使用 repl 替换 string 匹配的部分，count 用于指定最多替换次数，不指定时将全部替换。

2. 正则表达式 Pattern 的语法规则

前面简单介绍了正则表达式的处理函数，现在来看 Python 正则表达式的构造语法，也就是前面介绍的函数中 pattern 的写法。

Python 正则表达式的基本语法规则就是指定一个字符序列，如要在一个字符串 s='123abc456eabc789'中查找字符串'abc'，可以编写如下代码。

```
>>>import re
>>>text = '123abc456eabc789'
>>>re.findall(r'abc', text)
```

上述代码返回结果如下。

```
['abc', 'abc']
```

代码中 r'abc'是模式字符串，模式字符串使用特殊的语法来表示一个正则表达式。

（1）字母和数字表示它们自身。一个正则表达式模式中的字母和数字匹配同样的字符串。

（2）多数字母和数字前加一个反斜杠时会有不同的含义。

（3）标点符号只有被转义时才匹配自身，否则它们表示特殊的含义。一般使用反斜杠转义。

（4）反斜杠本身需要使用反斜杠转义。

（5）模式元素（如 r'\t'等价于 '\\t'）匹配相应的特殊字符。

表 3-1 列出了正则表达式模式语法中的部分特殊元素。

表 3-1　　　　　　　　　　　正则表达式模式语法中的部分特殊元素

元　字　符	说　　　明
.	代表任意字符
|	逻辑或操作符
[]	匹配内部的任一字符或子表达式
[^]	对字符集和取非
-	定义一个区间

元 字 符	说 明
\	对下一字符取非（通常是普通变特殊，特殊变普通）
*	匹配前面的字符或者子表达式 0 次或多次
+	匹配前一个字符或子表达式一次或多次
+?	惰性匹配上一个
?	匹配前一个字符或子表达式 0 次或 1 次重复
{n}	匹配前一个字符或子表达式
{m,n}	匹配前一个字符或子表达式至少 m 次，至多 n 次
{n,}	匹配前一个字符或者子表达式至少 n 次
{n,}?	前一个的惰性匹配
^	匹配字符串的开头
\A	匹配字符串开头
$	匹配字符串结束
[\b]	退格字符
\c	匹配一个控制字符
\d	匹配任意数字
\D	匹配数字以外的字符
\t	匹配制表符
\w	匹配任意数字、字母下画线
\W	不匹配数字、字母下画线

最后看一下 re.compile 方法。这个方法是 Pattern 类的工厂方法，用于将正则表达式 pattern 编译为正则表达式对象，当单个程序中的表达式被多次使用时，使用 re.compile() 和保存生成的正则表达式对象进行重用会更有效率。下面是一个例子。

```
>>>import re
>>>text = '123abc456eabc789'
>>>pat = re.compile('\d+')    #编译正则表达式对象
>>>re.findall(pat, text)
['123', '456', '789']
```

首先使用 re.compile 编译了匹配模式\d+，根据表 3-1，\d 表示匹配任意数字，后面跟上 + 代表匹配一次或多次，这样使用 re.findall 就把文本中的数字全部提取出来了。

3.5 本章小结及要求

本章介绍了 HTML 源码，详细讲解了 XPath 语法，并用爬取百度首页这个简单例子，讲解了 Requests 配合 XPath 提取数据的方法。本章还简单介绍了 Beautiful Soup 和正则表达式，特别是正则表达式，只是介绍了语法规则，读者通过学习，应该大体了解了正则表达式的使用规则，以后遇到具体问题时，可以再查阅相关的材料和示例。

本章演示了抓取百度首页"新闻"栏目的名称和链接的方法，作业就是要求读者抓取百度首页其他几个栏目的名称和链接。本章要求读者通过动手抓取，熟悉使用 Chrome 浏览器检查工具的方法，掌握在实战中编写 XPath 路径的技巧。

基础爬虫实例

4.1　Q 房网爬虫实例

前 3 章已经介绍了编写简单爬虫的基础知识，这一节通过爬虫实例讲解爬取一个具体网站的各种技巧。

4.1.1　网站页面分析

本节爬取的目标网站是深圳 Q 房网（http://shenzhen.qfang.com/），要爬取二手房房源的小区、户型、面积、区域、总价及房源特色，并把这些信息保存到计算机上。

要爬取一个网站，首先要仔细分析它的页面特点和 URL 构造规律。图 4-1 所示为 Q 房网（深圳）的二手房页面。

图 4-1　Q 房网（深圳）的二手房页面

可以看到每页上有 30 套房源，单击底部的翻页跳转到房源第二页，URL 变为 http://shenzhen.qfang.com/sale/f2。继续单击第三页，看到 URL 变为 http://shenzhen. qfang.com/sale/f3。

读者应该看得出来二手房页面 URL 的构造特点，那就是跟在 f 后面的是页码。如果想验证这个规律，可以直接将 URL 中的页码改为某一个数字，例如改为 54，看到打开的页面的确是第 54 页。那么第一页是否也满足这样的规律呢？打开 http://shenzhen. qfang.com/sale/f1。

可以看到这正是二手房房源的首页。至此，已经找到了 URL 的构造规律，可以利用这个规律对多个页面进行爬取。这次为了简单，可以爬取 10 页，也就是 300 条房源信息。

要爬取的数据包括二手房房源的小区、户型、面积、区域、总价及房源特色，下面分析页面，看看这些数据分布在页面的什么位置。图 4-2 所示的是页面中的一套房源。

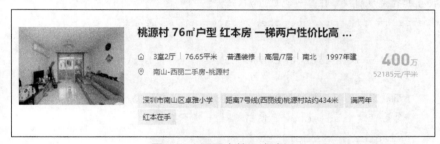

图 4-2　页面中的一套房源

从这一条房源信息很容易看到，房源题目包含小区名称和房源特色介绍，下面一行包含户型和面积，单价和总价在靠右边的位置，板块在更下一行。从这里可以看出，房源列表页面已经包含所需要爬取的所有数据，因此爬虫只需要爬取房源列表页面即可，不需要爬取房源详情页面。

页面分析到此结束，下面可以开始编写代码了。

4.1.2　编写 Q 房网二手房房源爬虫代码

首先导入 Requests 库和 Lxml 库。这里准备把数据保存为 csv 格式，因此还需要导入 csv 模块。为了控制爬行速度，还需要导入 time 模块，控制爬行速度的目的主要是防止被 Q 房网的服务器反爬虫禁止。

```
from lxml import etree
import requests
```

```
import csv
import time
```

然后定义抓取函数。这里专门定义一个爬取和解析数据的函数。在第 2 章爬虫基础中曾讲过，服务器会通过读取请求头部的用户代理（User Agent）信息，来判断这个请求是正常的浏览器还是爬虫。为防止被服务器反爬虫禁止，函数里还要定义一个头部。

```
def spider():
    #定义爬虫头部
    headers = {'User-Agent': 'Mozilla/5.0 (Windows NT 10.0; WOW64)\
                AppleWebKit/537.36 (KHTML, like Gecko)
                Chrome/46.0.2490.80 Safari/537.36'}
#这里使用 for 循环构造前 10 页 URL 地址并 GET 请求下来
#为了防止爬行速度过快，在每一次 GET 后，等待 2 秒
    pre_url = 'http://shenzhen.qfang.com/sale/f'
    for x in range(1,11):
        html = requests.get(pre_url+str(x), headers=headers)
        time.sleep(2)
        #用获取到的页面初始化 etree，得到一个 selector，
        #然后在这个 selector 上使用 XPath 提取数据
        selector = etree.HTML(html.text)
```

到这里已经爬取了房源列表页，每一个房源列表页上有 30 套（也可能少于 30 套，如最后一页）房源，每一套房源上都包含一组所需要的信息。提取出这些房源数据有一个常用技巧：先提取每套房源整体的代码段，然后从中解析出每套房源的具体信息。也就是说，应该先获得每一套房源的 HTML 源码，然后从这一段 HTML 源码里面解析出这套房源的详细信息。

先来获取每一套房源的代码段。可以借助 Chrome 浏览器的"检查"功能，看看如何获取每一套房源的代码段。在页面空白处单击右键，在弹出的菜单中选择"检查"，使用左上角的选择箭头选中一套房源，如图 4-3 所示。

很明显，这里有很多<li>标签，把鼠标移动到第二个<li>标签，就会发现第二套房源信息变为蓝色，这样就知道每一个<li>标签里就是一套房源的代码。使用 Chrome 浏览器复制第一个<li>标签的 XPath，就会得到类似下面的 XPath 路径。

```
//*[@id="cycleListings"]/ul/li[1]
```

如果把路径<li>后面的序号去掉，就得到了<ul>标签下所有<li>标签的路径，可以在

HTML 代码中查看确认一下<ul>标签下的所有<li>标签是否均是房源且没有其他内容的<li>标签。经过确认，可以得到房源列表的 XPath 路径为//*[@id="cycleListings"]/ul/li。

图 4-3　查看每套房源的 XPath 路径

使用这个 XPath 路径提取出来的，就是这一页中每套房源的代码段组成的一个列表，然后对这个列表做一个循环，在每一套房源的代码片段上再次使用 Xpath，取出每套房源的具体信息，按这个思路继续写代码。

```python
#先获取房源列表
house_list = selector.xpath("//*[@id='cycleListings']/ul/li")
for house in house_list:
    apartment = house.xpath("div[1]/p[1]/a/text()")[0]
    house_layout = house.xpath("div[1]/p[2]/span[2]/text()")[0]
    area = house.xpath("div[1]/p[2]/span[4]/text()")[0]
    region = house.xpath("div[1]/p[3]/span[2]/a[1]/text()")[0]
    total_price = house.xpath("div[2]/span[1]/text()")[0]
```

这里要注意，在 for 循环里使用的 XPath 路径是相对路径，也就是取出的<li>标签下的路径。要写出正确的相对路径有一个技巧：从 Chrome 浏览器里面复制的第一套房源代码段的 XPath 路径如下。

```
//*[@id="cycleListings"]/ul/li[1]
```

复制出的这套房源户型的 XPath 路径如下。

```
//*[@id="cycleListings"]/ul/li[1]/div[1]/p[2]/span[2]
```

通过比对这两个路径，很容易知道户型在房源码中的 XPath 相对路径是 div[1]/p[2]/span[2]。

这样就很容易写出代码段中的相对 XPath 路径。

继续把爬取的数据构造成一个 list，然后使用 data_writer 这个保存函数写入计算机中。

```
item = [apartment, house_layout, area, region, total_price]
data_writer(item)    #保存数据
print('正在抓取', xiaoqu)
```

函数最后使用 print 打印出正在抓取的小区名称，作为爬虫的运行提示。

4.1.3 保存爬取到的信息

可以把获取到的每一套房源信息组成一个 list，保存到 csv 文件里，为了方便复用，这里直接写一个保存函数 data_writer，这个函数接受一个列表，然后使用 csv 的 writerow 方法写入一条记录。

```
def data_writer(item):
    with open('qfang_ershoufang.csv', 'a',
            encoding='utf-8', newline='') as csvfile:
        writer = csv.writer(csvfile)
        writer.writerow(item)
```

首先以追加（a）的方式打开一个 csv 文件（如果没有，系统会新建一个），设置编码方式为 encoding='utf-8'，为了防止 csv 文件在每次打开添加数据的时候插入空行，设置 newline=''。

最后编写主函数。

```
if __name__ == '__main__':
    spider()
```

以上就是一个非常简单的爬虫，读者可以在 PyCharm 中运行这段爬虫代码，查看一下爬取的结果。

通过这个例子的学习，读者应该对编写简单爬虫有了一个大概的思路，可以尝试爬取其他相似的栏目做练习，如爬取 Q 房网的租房栏目的房源信息等。最后要提醒读者的是，在爬取一个网站的时候，应该尽量控制爬取速度，一方面是防止被服务器发现，另一方面，爬取行为不可以占用太多服务器资源而影响网站正常用户的访问。因此，可以在代码中使用 time.sleep()进行等待时间控制，人为地控制爬虫的爬取速度。

4.2 多层页面的爬取

4.2.1 爬取详情页面分析

4.1 节编写的 Q 房网二手房房源爬虫，仅仅爬取到了房源列表页面显示的房源信息，如果需要的房源信息只能在房源详情页面中看到，爬虫除了要能够爬取房源列表页面，还要能够从房源列表页面中提取出房源详情页面的 URL，并爬取房源详情页面，以获取相关数据。

下面分析一下页面。这次希望在 4.1 节爬取的数据基础上增加房屋年限、抵押信息等数据。这些数据只有在房源详情页面中才能看到，图 4-4 所示为一套房源的详情页面。

图 4-4 一套房源的详情页面

可以看到"交易属性"这个栏目包含了房屋年限和抵押信息。只有让爬虫爬取房源详情页面的 URL，GET 详情页面后，才能抓取到这些信息。需要在房源列表页面中提取房源详情页面的 URL，先使用 Chrome 浏览器的"检查"功能分析一下，如图 4-5 所示。

图 4-5　分析提取详情页 URL

我们看到房源标题所在的<a>标签里的 href 属性就是房源详情页面的部分 URL，即 /sale/100113959?insource=sale_list。

可以在前面加上 http://shenzhen.qfang.com，从而构造出完整的房源详情页 URL，根据这个思路开始写代码。

4.2.2　编写爬取详情页面的代码

首先，导入需要的包，定义用户代理及网址前缀等常量。

```python
import requests
from lxml import etree
import csv
import time



headers = {'User-Agent': 'Mozilla/5.0 (Windows NT 10.0; WOW64) \
           AppleWebKit/537.36 (KHTML, like Gecko) \
           Chrome/46.0.2490.80 Safari/537.36'}
pre_url = 'http://shenzhen.qfang.com/sale/f'
```

因为爬虫要爬取房源列表和房源详情两个页面，为了实现代码复用，这里定义一个专门的下载函数，这个下载函数主要就是使用 Requests 下载页面，并返回一个页面信息提取器。

```
def download(url):
    html = requests.get(url, headers=headers)
    time.sleep(2)
    return etree.HTML(html.text)
```

其次，定义保存函数。

```
def data_writer(item):
    with open('qfang_ershoufang.csv', 'a',
            encoding='utf-8', newline='') as csvfile:
        writer = csv.writer(csvfile)
        writer.writerow(item)
```

下面定义最主要的爬取函数，它能从房源列表页面中解析出房源详情页的 URL，然后打开这个 URL，从中提取出房源年限信息和抵押信息。

```
def spider(list_url):
    selector = download(list_url)      #下载列表页
    house_list = selector.xpath("//*[@id='cycleListings']/ul/li")
    for house in house_list:        #循环解析每套房源
        apartment = house.xpath("div[1]/p[1]/a/text()")[0]
        house_layout = house.xpath("div[1]/p[2]/span[2]/text()")[0]
        area = house.xpath("div[1]/p[2]/span[4]/text()")[0]
        region = house.xpath("div[1]/p[3]/span[2]/a[1]/text()")[0]
        total_price = house.xpath("div[2]/span[1]/text()")[0]
        #构造详情页 URL
        house_url = ('http://shenzhen.qfang.com'
                        + house.xpath("div[1]/p[1]/a/@href")[0])
        sel = download(house_url)     #下载详情页
        time.sleep(1)
        house_years = sel.xpath("//div[@class='housing-info']/ul"
                            "/li[2]/div/ul/li[3]/div/text()")[0]
        mortgage_info = sel.xpath("//div[@class='housing-info']/ul"
                            "/li[2]/div/ul/li[5]/div/text()")[0]
```

```
        item = [apartment, house_layout, area, region,
                total_price, house_years, mortgage_info]
        print('正在抓取', apartment)     #显示抓取的信息
        data_writer(item)
```

上面的代码提取出房源详情页面网址 house_url，继续使用 download 函数下载这个页面，然后在返回的选择器 sel 上使用 XPath 语法提取数据。

最后，定义主函数。这次我们爬取 10 个列表页面。

```
if __name__ == '__main__':
    for x in range(1 , 11):
        spider(pre_url + str(x))
```

这样就完成了整个爬虫的编写。读者可以在 PyCharm 中运行并看到爬取的数据，如图 4-6 所示。

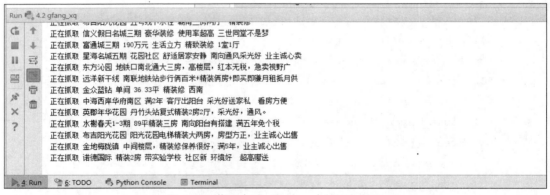

图 4-6　代码在 PyCharm 中的运行结果

这里对使用 XPath 做一个小的总结，以供读者参考。

一是用户既可以直接从 Chrome 浏览器中复制 XPath，也可以自己根据 HTML 代码的特点来写。例如编写上面提取房源年限信息的 XPath 路径时，如果直接复制 Chrome 浏览器中的 XPath，应编写如下代码。

```
//*[@id="scrollto-1"]/div[2]/ul/li[2]/div/ul/li[3]/div
```

这里编写的 XPath 路径如下。

```
//div[@class='housing-info']/ul/li[2]/div/ul/li[3]/div
```

可以看出，两者的效果是完全相同的。

二是在写 XPath 路径时，充分利用页面的源码，能确定某些元素的唯一性。例如在上面写的 XPath 路径中，读者可能会怀疑 class 属性等于 housing-info 的<div>标签是否是唯一的，这时可以在房源详情页空白处单击右键，在弹出的菜单中选择"查看网页源码"，然后在打开的网页源码页面中搜索 class="housing-info"。如果发现只有一条匹配结果，就可以确定使用从根目录查找//div[@class='housing-info']是没有问题的。

4.3 下载房源图片和实现多线程爬虫

爬虫实战-多线程
和图片下载

4.3.1 下载房源图片

这一节接着前面介绍爬取 Q 房网的例子来讲解如何下载图片和实现多线程爬虫。

现在我们希望下载二手房房源的图片。为了简单讲解，仅下载二手房列表页的展示图，也就是图 4-7 中左侧的小图片。

图 4-7　二手房房源信息

要下载图片，首先需要获取图片的 URL，其次请求这个 URL 获得图片内容，最后保存图片，下面用代码来演示。在上节 spider 函数代码中的 for 循环里增加如下代码。

```
#首先解析出图片的URL
image_url = house.xpath('a/img/@data-original')[0]
#下载图片
img = requests.get(image_url, headers=headers)
with open('./Qfang_image/{}.jpg'.format(apartment), 'wb') as f:
    f.write(img.content)   #保存图片
 ...
```

在这里首先使用 XPath 路径获取图片的 URL，然后使用 requests.get 获取这张图片，最后新建了一张图片并把获取的图片保存起来。这里把获取到的图片保存在了当前程序运行目录下的 Qfang_image 文件夹里，并使用图片所属房源标题作为保存图片的名称。

以上就是下载图片的代码，比较简单，读者要注意给图片起个合适的名字，防止重名。

4.3.2 实现简单多线程爬虫

有时候会遇到爬虫的爬取速度太慢的情况，如上面抓取房源图片会大大降低爬虫的速度。这时可以通过使用多线程来加快爬取速度。下面介绍如何实现一个多线程的 Python 爬虫来提高爬虫的效率。

1．基本知识

多进程和多线程在大部分情况下都能加快处理效率，缩短处理时间，但是会出现通信、数据共享及加锁问题等。为了降低使用门槛，可以使用 Python 的标准库 multiprocessing 模块，这个模块让人们很容易利用多进程和多线程来处理任务。

那么应该使用多进程还是多线程呢？一般计算（CPU）密集型任务适合多进程，IO 密集型任务适合多线程。所谓 IO 密集型任务，就是类似网络交互、文件读写、网络爬虫等任务，这些任务不依赖 CPU 的操作，因此可以通过使用多线程来大大提高爬虫程序的效率。

2．线程实现

下面重点讲解与爬虫有关的线程池的用法。

首先了解一下线程实现的基本步骤。

（1）从 multiprocessing.dummy 导入线程池。

（2）创建一个线程池，完成对线程的初始化创建工作。

（3）把任务交给线程池。

（4）调用 join 方法等待这个线程结束工作。

下面使用多线程来实现 Q 房网二手房房源爬虫。

第一步，导入线程池和其他库。给导入的线程池起一个别名 pl。

```
from multiprocessing.dummy import Pool as pl
from lxml import etree
import requests
```

```
import csv

headers = {'User-Agent': 'Mozilla/5.0 (Windows NT 10.0; WOW64) \
           AppleWebKit/537.36 (KHTML, like Gecko) \
           Chrome/46.0.2490.80 Safari/537.36'}
pre_url = 'http://shenzhen.qfang.com/sale/f'
```

第二步，定义下载函数。

```
def download(url):
    html = requests.get(url, headers=headers)
    return etree.HTML(html.text)
```

第三步，定义数据写入函数。

```
def data_writer(item):
    with open('qfang_ershoufang.csv', 'a',
            encoding='utf-8', newline='') as csvfile:
        writer = csv.writer(csvfile)
        writer.writerow(item)
```

第四步，定义图片保存函数 image_saver。

```
def image_saver(url, xiaoqu):
    img = requests.get(url, headers=headers)
    with open('./Qfang_image/{}.jpg'.format(apartment), 'wb') as f:
        f.write(img.content)
```

第五步，定义爬取函数 spider。

```
def spider(url):
    selector = download(url)
    house_list = selector.xpath("//*[@id='cycleListings']/ul/li")
    for house in house_list:
        apartment = house.xpath("div[1]/p[1]/a/text()")[0]
        house_layout = house.xpath("div[1]/p[2]/span[2]/text()")[0]
        area = house.xpath("div[1]/p[2]/span[4]/text()")[0]
        region = house.xpath("div[1]/p[3]/span[2]/a[1]/text()")[0]
```

```
total_price = house.xpath("div[2]/span[1]/text()")[0]
#构造详情页 URL
house_url = ('http://shenzhen.qfang.com'
                + house.xpath("div[1]/p[1]/a/@href")[0])
sel = download(house_url)
house_year = sel.xpath("//div[@class='housing-info']/ul/li[2]"
                        "/div/ul/li[3]/div/text()")[0]
mortgage_info = sel.xpath("//div[@class='housing-info']/ul/li[2]"
                          "/div/ul/li[5]/div/text()")[0]
item = [apartment, house_layout, area, region,
        total_price, house_years, mortgage_info]
data_writer(item)
print('正在抓取', xiaoqu)
image_url = house.xpath('a/img/@data-original')[0]
image_saver(image_url, xiaoqu)
```

第六步，编写主程序、初始化线程池。

```
if __name__ == '__main__':
    pool = pl(4)        # 初始化线程池
```

初始化线程池有个参数，可以根据计算机的 CPU 核心数填写。例如计算机是四核的，这里就填写 4。

用列表推导式生成要爬取的页面 URL 列表，例如总共要爬取 99 页。

```
house_url = [pre_url+str(x) for x in range(1, 100)]
```

下面使用线程池的 map 方法对要爬取的页面执行 spider 函数，线程池的 map 方法与 Python 中的 map 方法使用方式基本相同。

```
pool.map(spider, house_url)
```

最后关闭线程池并等待所有线程结束。

```
pool.close()
pool.join()
```

这样就完成了整个多线程爬虫的编写。

4.4　本章小结及要求

　　本章为读者演示了编写简单爬虫的整个过程和技巧。对于抓取多层网页、图片下载和使用多线程加快爬虫效率的方法也做了讲解。读者以后在处理多进程和多线程的时候，可以考虑使用 Python 的标准库 multiprocessing，它能大大简化使用多进程和多线程处理任务的工作量。

　　本章要求读者完成作业：爬取深圳 Q 房网出租房源的数据，主要包括出租房源的小区名称、特点、户型、面积、租金、登记经纪人姓名及房源图片。读者可以思考一下，如果还需要爬取这套房源登记经纪人的服务年限和历史成交套数，应该如何编写代码？

第 5 章

Requests 模拟登录

5.1 使用 Cookies 登录网站

爬虫实战–模拟登录
和验证码的处理

5.1.1 网站的保持登录机制

有时候要爬取的内容必须登录才能看到，这时就要求爬虫能够登录网站，并保持登录状态。另外，爬虫在登录网站的时候，还有可能遇到需要填写验证码的情形。这一章将通过模拟登录豆瓣网站为读者讲解登录网站的两种方式，并对登录过程中遇到验证码的问题进行简单分析。

我们平时在浏览网站的过程中会发现，如果登录了一个网站，如豆瓣，打开新的豆瓣网页会发现还是处于登录的状态。那么，网站是如何保持这种登录状态的呢？爬虫能否利用网站保持登录的机制，实现对网站深层网页的爬取呢？这就是本节要重点讲解的内容。

一般来讲，网站常用的保持登录机制有如下两种。

1. Cookies 机制

Cookies 是浏览器访问一些网站后，这些网站存放在客户端的一组数据，用于网站跟踪用户，实现用户自定义功能。

一般使用 Cookies 保持用户登录的过程是这样的：用户登录验证后，网站会创建登录凭证（如用户 ID + 登录时间 + 过期时间），对登录凭证进行加密，将加密后的信息写到浏览器的 Cookies 中，以后每次浏览器请求都发送 Cookies 给服务器，服务器根据对应的解密算法对其进行验证。

2. Session 机制

Session 是存放在服务器端的类似于 HashTable 的结构，用来存放用户数据。当浏览器第一次发送请求时，服务器自动生成了一个 HashTable 和一个 Session ID 用来唯一标识这个 HashTable，并通过响应将其发送到浏览器。当浏览器第二次发送请求时，系统会将前一次服务器响应中的 Session ID 放在请求中，一并发送到服务器上，服务器从请求中提取出 Session ID，并和保存的所有 Session ID 进行对比，找到这个用户对应的 HashTable。一般来说，Session ID 在用户端使用 Cookies 来保存。

上面两种网站保持登录的机制都用到 Cookies，读者很容易想到，爬虫应该也可以通过 Cookies 保持登录状态这个特性，以实现登录爬取。在发起请求的时候，如果给爬虫添加一个已经登录的 Cookies，就可以让爬虫使用 Cookies 直接登录网站，从而访问网站的深层页面。

5.1.2 登录豆瓣网站

要使用 Cookies 登录一个网站，首先需要获得一个已经登录的 Cookies，我们可以在浏览器中登录，然后把浏览器保持登录的 Cookies 复制下来，在发起请求的时候带上复制下来的 Cookies，这样就可以实现爬虫登录网站。

首先打开豆瓣的首页，输入用户名和密码并单击"登录豆瓣"。在登录后的网站空白处单击右键，在弹出的菜单中选择"检查"，然后在下方（或右侧）弹出的检查页面顶部菜单中选择 Network，如图 5-1 所示。

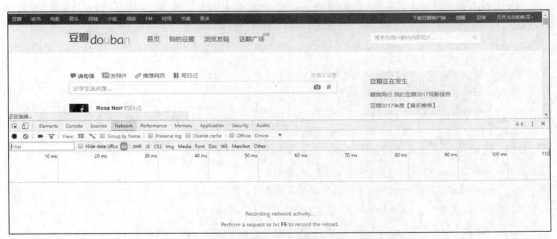

图 5-1　在已登录的豆瓣首页使用 Chrome 检查工具

可以看到，检查页面中的 Network 的内容是空的，现在刷新页面，会发现检查页面中 Network 内容增加了很多访问的链接，把右边滚动条拉到最上面，就可以看到请求的第一个网址为 www.douban.com，单击它，右侧会出现这个请求的详细情况，里面就有这次请求所发出的 headers 信息和 Cookies 信息，如图 5-2 所示。

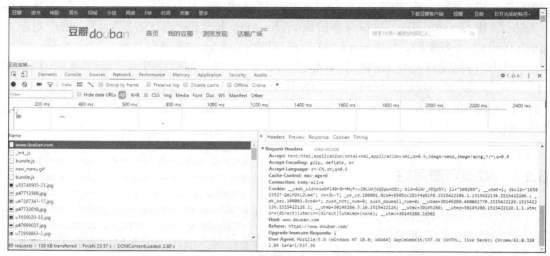

图 5-2　查看请求的头部信息

可以看到访问豆瓣网站浏览器所使用的 Cookies，是一个保存了登录信息的 Cookies。它可以帮助爬虫实现对豆瓣网站的登录。

直接从浏览器中把这个 Cookies 复制下来，以一个长字符串的形式赋值给变量 cookie。

```
>>>cookie =
'__yadk_uid=kswGfi49r8rHHyFvv20LUAjsQ2pwnOOz;
bid=6Cmr_XEQdSY; ll="108288"; __utmt=1;
dbcl2="165023527:QaLM24L2LmA"; ck=3U-T;
_pk_id.100001.8cb4=8585dc281f4a81f8.1515422106.1.
1515422134.1515422106.; _pk_ses.100001.8cb4=*;
push_noty_num=0; push_doumail_num=0;
__utma=30149280.460062778.1515422126.1515422126.
1515422126.1; __utmb=30149280.3.10.1515422126;
__utmc=30149280;
__utmz=30149280.1515422126.1.1.utmcsr=(direct)|u
tmccn=(direct)|utmcmd=(none);
__utmv=30149280.16502'
```

下面编写一个函数，把这个字符串形式的 Cookies 处理成字典的形式。

```
>>>def coo_regular(cookie):
       coo = {}
       for k_v in cookie.split(';'):
           k,v = k_v.split('=', 1)
           coo[k.strip()]=v.replace('"', '')
           return coo
>>>cookies = coo_regular(cookie)
```

把从浏览器中复制出的 Cookies 传到 coo_regular 函数，就得到了字典形式的保持登录状态的 Cookies，现在使用这个 Cookies 访问豆瓣的首页，然后验证是否已经登录。

```
>>>headers = {'User-Agent': 'Mozilla/5.0 (Windows NT 10.0; WOW64) \
              AppleWebKit/537.36 (KHTML, like Gecko) \
              Chrome/46.0.2490.80 Safari/537.36'}
>>>r = requests.get('https://www.douban.com',
                    headers=headers, cookies=cookies)
>>>print('日月光华' in r.text)     #验证源码中是否包含个人昵称
True
```

显示的结果验证打开的是已经登录的个人主页，说明已经成功地使用 Cookies 登录了豆瓣网站。这就表明，可以使用这个 Cookies 登录豆瓣网站并访问一些深层网页。

在实际的应用过程中，因为 Cookies 是有一定时效的，它有可能过一段时间会失效，所以要编写代码检测 Cookies 是否过期。如果 Cookies 已经无法登录，既可以手动重新获取登录后的 Cookies，也可以使用在第 7 章将要讲到的 Selenium 打开浏览器登录并获取登录后的 Cookies，然后继续爬取深层网页。

以上简单介绍了网站的保持登录机制，然后利用这种机制使用 Cookies 登录了豆瓣网站。使用 Cookies 登录网站相对简单、易用，但也有缺点，那就是必须获取到已经登录的 Cookies。下一节将讲解如何让 Requests 发送表单数据以自动登录网站，并在抓取过程中保持登录状态。

5.2   模拟登录网站

5.2.1   豆瓣网站的登录分析

现在假设目标是爬取豆瓣网站日月光华个人主页的动态信息，那么必须登录才能看到这些信息。如果想登录豆瓣网站，首先需要打开豆瓣的首页，然后在首页的登录框内填写用户名和密码，最后单击"登录豆瓣"完成登录的过程。为了让爬虫能够模拟这个登录豆瓣网站的过程，首先要做的是对登录过程进行分析，弄清楚填写的用户名和密码是如何被提交到网站服务器的。

在 Chrome 浏览器中打开豆瓣首页，可以看到在右上角有登录的输入框，现在在网页的空白处单击右键，在弹出的菜单中选择"检查"，这时候在网页下方（或右侧）弹出了检查页面。在检查页面顶部的菜单中选择 Network，如图 5-3 所示。然后，在弹出的检查页面第二行菜单的 Preserver log 前面小方框中打勾。当遇到跳转页面的时候勾选上此项，可以看到跳转前的请求。

图 5-3　使用 Chrome 检查工具分析登录过程

Network 这一栏会记录网络请求情况，如登录、下载的链接详情等。现在输入用户名和密码，然后单击"登录豆瓣"。可以看到 Network 栏目下出现非常多的请求链接信息，把滚动条拉到最上面，能看到最开始请求的链接，Name 为 basic。单击这个 basic，右侧会显示 basic 这个请求的 Headers 详细信息，如图 5-4 所示。

由 General 这一项可知：请求的网址（Request URL）为 https://www.douban.com/accounts/basic；请求方法（Request Method）为 POST。

这些信息说明，登录的过程实际上是向 https://www.douban.com/accounts/basic

这个网址发起了 POST 请求。那么到底向服务器 POST 了什么数据呢？把滚动条拉动到最下面，可以看到系统到底 POST 了哪些数据到服务器，如图 5-5 所示。Form Data 这一项中的信息就是实际向网站提交的信息。Form Data 现在只有 5 项内容。

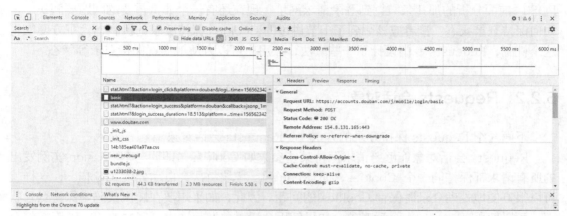

图 5-4　请求的 Headers 详细信息

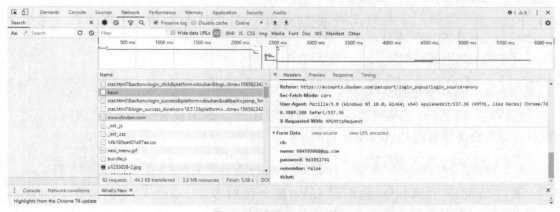

图 5-5　查看 POST 数据

（1）ck 和 ticket 这两项对应内容为空；remember 内容为 false，直观上看可以明白，这一项是关于是否让浏览器记录用户名和密码的。为了验证它，可以退出，重新登录时在"下次自动登录"前面打勾，看一下 remember 这一项对应的内容是否会变成 True. 经过验证，remember 这一项的确是关于是否下次自动登录的。

（2）name: 984595060@qq.com 和 password: 963852741。这两行数据很明显就是登录用户名和密码。至此我们已经明白登录豆瓣网站所需要的请求方法及需要提交的登录信息。

这里要说明一点，刚开始登录豆瓣这个网站的时候，是不需要验证码的，但是假设多次输错密码或者短时间内频繁登录，网站就会要求提供验证码。本小节先不用处理验证码，下一节会介绍验证码的问题。

现在已经知道了如何使用 Requests 登录豆瓣网站，也就是使用 POST 方法——POST 前面分析的那几条数据到登录请求网址。现在还有一个非常重要的问题要解决——如何保持登录状态？读者应该想到了上节讲过的 Cookies 保持登录的机制，为了方便使用这个机制，Reqeusts 专门设计了一些方法，让用户可以方便地实现保持登录等状态。

5.2.2　Requests 会话对象

下面介绍 Requests 保持登录的方法——Requests 会话对象。

Requests 会话对象能够跨请求保持某些参数如 Cookies，即同一个 Session 实例发出的所有请求都保持同一个 Cookies，而 Requests 模块每次会自动处理 Cookies，这样就可以很方便地处理登录时保存 Cookies 的问题。因此，如果想要在爬虫代码中保持登录状态，可以使用 Requests 会话对象。如果使用会话对象发起请求，底层的 TCP 连接将会被重用，也能带来显著的性能提升。

Requests 会话对象具有主要 Requests API 的所有方法，下面用例子来讲解 Requests 会话对象的使用技巧。

首先编写如下代码初始化一个会话对象。

```
>>>s = requests.Session()
```

这样就得到了一个会话对象 s，可以使用 GET 方法来获取一个网址。访问下面这个网址会设置会话对象的 Cookies 为 123456789。

```
>>>s.get('http://httpbin.org/cookies/set/sessioncookie/123456789')
```

通过访问这个网址，我们已经设置会话对象的 Cookies 为 sessioncookie=123456789，可以通过 print（s.cookies）来验证这一点。

然后再请求 http://httpbin.org/cookies，这个网址可以返回发出的请求所携带的 Cookies。

```
>>>r = s.get("http://httpbin.org/cookies")
```

可以查看返回的内容。

```
>>>print(r.text)
'{"cookies": {"sessioncookie": "123456789"}}'
```

可以看到 Session 会话对象在两次请求之间保持了第一次访问所设置的 Cookies。

Session 会话对象也可用来为请求方法提供缺省数据。这是通过为会话对象的属性提供数据来实现的：

```
>>>s = requests.Session()       #初始化会话对象
>>>s.headers = {'User-Agent': 'Mozilla/5.0 (Windows NT 10.0; WOW64) \
            AppleWebKit/537.36 (KHTML, like Gecko) \
            Chrome/46.0.2490.80 Safari/537.36'}
```

这样就为会话对象添加了默认的 headers，也可以更新这个 headers。

```
>>>s.headers.update({'x-test': 'true'})
```

会话还可以用作前后文管理器。

如下代码就能确保 with 区块退出后会话能被关闭，即使发生了异常也一样。

```
>>>with requests.Session() as s:
        s.get('https://www.douban.com/')
```

上面介绍了 Requests 会话对象的基本使用方法，下面使用 Requests 会话对象登录并爬取豆瓣网站。

5.2.3　编写 Requests 登录豆瓣网站的代码

在不需要填写验证码的情况下，登录相对简单。在编写代码之前，再次梳理一下登录的流程。

第一步，构造需要 POST 的表单。

第二步，登录豆瓣网站，并爬取首页内容。

下面按照这个步骤编写代码。首先导入 Requests 和 Lxml 并定义 headers 和登录 URL。

```
>>>import requests
>>>from lxml import etree
>>>headers={'User-Agent': 'Mozilla/5.0 (Windows NT 10.0; WOW64) \
            AppleWebKit/537.36 (KHTML, like Gecko) \
            Chrome/46.0.2490.80 Safari/537.36'}
>>>url = 'https://www.douban.com/accounts/login'
```

根据前面的分析，构造一个 POST 表单。

```
>>>data = {'name': '984595060@qq.com',
            'password': '963852741',
            'remember': 'false'}
```

这里按照我们前面的分析，把登录网站需要 POST 的信息构造为一个 dict。下面就可以初始化一个会话，并使用 POST 方法登录豆瓣网站了。

```
>>>s = requests.session()
>>>r = s.post(url, data=data)
```

由此可见，使用 Requests 向网站提交数据非常简单，只需要把数据以字典的形式准备好，然后在会话中使用 data 参数提交即可。

为了验证是否已经成功登录，可以查看返回的内容中是否包含个人昵称。

```
>>>print('日月光华' in r.text)
True
```

很明显，我们已经登录了个人主页。

既然已经成功登录，就可以使用这个会话继续爬取豆瓣网站的深层页面，如豆瓣为用户推送的个性化动态信息等。在爬取的过程中，Requests 会话对象会自动处理 Cookies 并为用户保持登录状态。

这一节分析了登录豆瓣网站的过程，并在代码中实现了登录豆瓣网站，读者应该从这个过程中学会分析、登录网站的方法。以后遇到一个其他的网站，也可以按照本节所示的方法分析所需提交的数据，然后在代码中登录。本节内容相对简单，并没有牵扯到填写验证码的问题，下一节将考虑如果需要填写验证码，如何实现 Requests 登录。

5.3　验证码的处理

5.3.1　带验证码的网站登录分析

这一节简单分析一下带验证码登录的情况。

假设不小心登录豆瓣的时候连续输错密码，再重新登录豆瓣网站，就会发现需要填写验证码才可以登录，如图 5-6 所示。

为了搞清楚带验证码登录都向服务器发送了什么数据，可以先登录一次，使用 Chrome 浏览器的检查功能分析一下，填写验证码登录时，系统都向服务器 POST 了哪些数据。

图 5-6　需填写验证码的豆瓣登录页面

　　按照上节的步骤，在 Chrome 浏览器中打开"检查"功能，填写用户名、密码和验证码并单击"登录豆瓣"，然后在浏览器中查看这次登录的 Form Data，会发现系统向服务器提交的数据多了两项内容，如图 5-7 所示。

图 5-7　系统向服务器提交的数据

　　一项是 captcha-solution: music。显然这个 captcha 就是验证码的意思，captcha-solution 的值就是用户输入的验证码。

　　另一项是 captcha-id: sF1wibCmaB1dHiJ5u4dNY6TS:en。这一项看上去很复杂，也不了解它的含义，那这一项是否是变化的呢？若退出并重新登录一次，会发现这一项是变化的，也就是说这一项是需要提供给网站服务器的变量。假设在打开网站登录页面准备登录的时候，这一项应该是网站提供给用户，然后用户在登录的时候将此项内容提交给网站。为了验证这一想法，现在退出登录，直接来到豆瓣登录页面，如图 5-8 所示。

　　在这个页面单击右键，在弹出的菜单中选择"查看网页源码"，在打开的网页源码页面中按 Ctrl+F 组合键，系统弹出搜索框，搜索 captcha-id，结果如图 5-9 所示。

图 5-8　豆瓣登录页面

```
<img id="captcha_image" src="https://www.douban.com/misc/captcha?id=nqMQZzizE6Xr0zgKx0sqi7of:en&amp;size=s" alt="captcha" class="captcha_image"/>
<div class="captcha_block">
<span id="captcha_block" class="p1">请输入上图中的单词</span>
<input type="text" id="captcha_field" name="captcha-solution" tabindex=3 placeholder="验证码" />
<input type="hidden" name="captcha-id" value="nqMQZzizE6Xr0zgKx0sqi7of:en"/>
</div>
```

图 5-9　豆瓣登录页面源码搜索结果

从搜索结果可见，验证码代码段的下面有 hidden 项，它的 value 正是需要向网站提交的 captcha-id 的值。如果要使用验证码登录豆瓣网站，需要另外提供 captcha-solution 和 captcha-id 两个字段的值，而这两个字段的值是在打开的登录页面中提供给用户的。这就说明用户不能像上一节那样直接登录了，必须首先打开一次登录页面，获取 captcha-solution 和 captcha-id 这两个字段的值，然后再构造表单登录。

5.3.2　验证码的识别和处理

在编写代码之前，先简单分析一下验证码的识别和处理。

验证码用于测试用户是真实的人类还是计算机机器人，它实质上可以说是一种反爬虫的手段。一般来说，用户遇到验证码，有 3 种常见的处理选择。

（1）下载并显示验证码图片，然后由人工识别。这种方式的优势是正确率高、成本低，但缺点也很明显：这种方式无法规模化和自动化，因为人们不能总在计算机前等着输入验证码。当然，可以设置一个邮件提醒，在遇到验证码时将验证码图片实时发送到手机上，然后人工识别出验证码并回传给爬虫服务器。总的来说，人工识别验证码的方式适合个人小型的爬取任务，对于大型的爬取任务，必须考虑自动化的方法。

（2）使用算法识别图像。用户可以充分利用机器学习和深度学习算法，实现对验证码的自动识别。这样虽然可以自动化完成识别，但是开发成本比较高，而且识别准确率也不会太高。

（3）使用专业打码平台提供的服务。当遇到大型识别验证码的任务时，可以将识别任务交给专业的打码平台，由这个平台使用人工智能或人工处理。这种方式适合大规模的自动化爬虫任务，但会增加一定的成本。

总体来说，如果是小型的任务，建议使用第一种方法；如果是大型爬虫，建议直接使用打码平台的服务，但对于近几年出现的中文顺序单击验证码和极验验证等验证方式，打码平台也不能很好地解决。验证码的处理对于爬虫工程师来说，是个比较难以逾越的障碍。

本节登录豆瓣网站是一个相对简单的任务，为了简单演示，在这里使用第一种方式，由自己人工来识别验证码。

5.3.3　编写带验证码的豆瓣网站登录代码

先梳理一下登录流程。在有验证码的情况下，使用 Requests 登录网站，需要先爬取一次登录页面。

第一步，爬取登录页面，获得 captcha-solution 和 captcha-id 这两项的值。

第二步，构造 POST 表单数据。

第三步，登录并爬取首页。

下面按照这个流程来编写全部登录代码。

首先需要获取登录页面。

```
import requests
from lxml import etree



headers={'User-Agent': 'Mozilla/5.0 (Windows NT 10.0; WOW64) \
         AppleWebKit/537.36 (KHTML, like Gecko) \
         Chrome/46.0.2490.80 Safari/537.36'}
url = 'https://www.douban.com/accounts/login'
response = requests.get(url, headers=headers)    #获取背景页面
html = etree.HTML(response.text)
```

然后解析出 captcha-solution 和 captcha-id 这两项的值。这里要先判断是否出现了

验证码，如果出现，就下载并使用 Python 的图片处理函数 PIL，打开验证码图片。

```python
captcha = html.xpath('//*[@id="captcha_image"]/@src')
if captcha:                            #判断是否有验证码
    captcha_url = captcha[0]       #获取验证码图片 URL
    captcha_image = requests.get(captcha_url)    #下载验证码图片
    from PIL import Image
    from io import BytesIO
    img = Image.open(BytesIO(captcha_image.content))   #打开验证码图片
    img.show()      #显示验证码图片
    captcha_text = input(u'请输如验证码: ')    #输入识别出的验证码
    #下面解析出 captcha_id 的值
    captcha_id = captcha_url.split('=')[1].split('&')[0]
else:
    captcha_id = None           #若没有验证码，设置为 None
    captcha_text = None
```

上面代码中使用 Image 函数打开图片，自己人工查看并填写识别出的验证码，最后赋值给 captcha_text。

第四步，构造 POST 表单。

```python
formdata = {'source':'index_nav',
            'form_email':'your_email@xxx.com',
            'form_password':'your_password',
            'captcha-solution':captcha_text,
            'captcha-id':captcha_id}
s = requests.session()       #初始化会话
r = s.post(url, data=formdata, headers=headers)
```

为了验证是否已经成功登录，还是要查看一下返回的内容中是否包含个人昵称。

```python
print('日月光华' in r.text)
True
```

运行显示的结果为 True，说明已经完成了带验证码的登录，可以继续爬取豆瓣其他的页面了。

5.4　本章小结及要求

本章首先讲解了网站的保持登录机制，并利用这种机制使用 Cookies 登录了豆瓣网站，然后重点讲解使用 Requests 库的 POST 方法登录网站的技巧，这与使用 Cookies 直接登录网站是两种不同的思路，但都能达到登录网站的目的。使用代码直接登录有时候会遇到验证码难以处理、登录用户名及密码被加密等情况。如果直接登录比较棘手，可以优先考虑使用登录后的 Cookies 登录。

本章要求读者使用 Cookies 登录知乎网站并爬取个人首页推送的前 5 条动态信息的题目和摘要，爬取过程中要注意为爬虫添加 User Agent 信息。若读者分析知乎网站登录的过程，会发现直接使用 Requests 登录很难实现，对于这种情况，可以借助第 7 章中讲到的 Selenium 模块实现知乎网站的登录。

第 6 章

认识和应对反爬虫

6.1　常用的网站反爬虫策略及应对措施

前面已经多次提到反爬虫这个概念，这一节介绍常用的网站反爬虫策略，以便有针对性地采取一些措施，防止爬虫被网站服务器识别和禁止。

6.1.1　常用的网站反爬虫策略

常用的网站反爬虫策略有以下几种。

1. 通过 Headers 反爬虫

通过识别用户请求的 Headers 反爬虫是最常用的网站服务器反爬虫策略。很多网站都会对 HTTP 请求头部的 User Agent 进行检测，还有一部分网站会对 Referer 进行检测（一些资源网站的防盗链就是检测 Referer）。

2. 基于用户行为反爬虫

一种常用的反爬虫策略是通过检测用户行为来判断请求是否来自爬虫。例如同一 IP 地址短时间内多次访问，或者同一账户短时间内多次进行相同操作，都有可能使网站采取反爬虫措施。

3. 采用动态页面反爬虫

有一部分网站的页面与静态页面不同，需要爬取的数据是通过 JavaScript 生成的，也就是通过 AJAX 请求得到数据，这样就会对爬虫的爬取造成一些困难。

以上就是网站常用的反爬虫策略，另外，还有少数网站会使用 Cookies 反爬虫。登录或者下载时需要填写验证码这种措施，也可以被归类为反爬虫的一种策略。

6.1.2　应对网站反爬虫的措施

针对上面分析的几种常用的服务器反爬虫策略，可以考虑以下应对措施。

1.　为爬虫设置 Headers

如果遇到通过监测 Headers 反爬虫的服务器，可以直接在请求中添加 User Agent 等头部信息。前面的代码曾经使用过这种方法，就是将浏览器的 User Agent 复制到爬虫的 Headers 中，或者将 Referer 值修改为目标网站域名等。对于检测 Headers 的反爬虫，在爬虫中修改或者添加 Headers 就能很好地绕过，这是最常用的应对反爬虫措施。一般来说，在爬取网站时都需要添加 Headers，模拟成真实的浏览器。

2.　使用 IP 代理或加大请求间隔时间

针对网站监测 IP 访问的情况，可以使用 IP 代理或加大请求间隔时间来解决。可以使用代理 IP 来发起请求，每请求几次更换一个 IP，这样就能很容易地绕过检测用户浏览行为的反爬虫策略。下一节将为读者具体演示如何在 Requests 中使用代理 IP。

在需要登录才能爬取的时候，针对检测同一账户浏览行为等反爬虫方式，可以在每次请求后随机间隔几秒再进行下一次请求。有些有逻辑漏洞的网站，可以通过请求几次→退出登录→重新登录→继续请求的方法，绕过同一账号短时间内不能多次进行相同请求的限制。

3.　使用 Selenium 框架

对于动态页面，可以首先用浏览器对网络请求进行分析。如果能够找到 AJAX 请求，分析出具体参数和响应的具体含义，就可以直接利用 Requests 模拟 AJAX 请求，对返回的响应进行分析，得到需要的数据。

有时候有些网站会把 AJAX 请求的参数全部加密，用户根本没办法构造自己所需要的请求。这时可以使用 Selenium 框架调用 Chrome 浏览器或者 PhantomJS 浏览器，利用浏览器执行 JS 来模拟人的操作和触发页面中的 JS 脚本。第 7 章将详细讲解使用 Selenium 框架做网站爬虫的方法。

以上就是常用的网站反爬虫策略及其应对措施，当爬虫遭遇网站反爬虫禁止的时候，应该仔细分析它的反爬虫策略，从而采取针对性的措施。还有一点值得读者参考：一般网站的移动页面反爬虫措施较少，并且页面结构简单，特别适合爬取，对于有移动页面的网站，可以优先考虑爬取其移动页面。

爬虫实战-应对反爬虫的策略及本节作业

6.2 使用 IP 代理的方法

6.2.1 Requests 中使用代理 IP

如前所述，针对网站监测 IP 访问的反爬虫策略，可以使用代理 IP。下面看一下如何在 Requests 中使用代理 IP。

所谓代理 IP，就是代理用户去取得网络信息的 IP 地址。代理 IP 可以帮助爬虫掩藏真实身份，突破 IP 访问限制，隐藏爬虫的真实 IP，从而避免被网站的反爬虫禁止。

先简单介绍一下 Requests 中使用 IP 代理的方法。Requests 使用 IP 代理非常简单，可以通过为任意请求方法提供 proxies 参数来配置单个请求，下面是 Requests 文档提供的一个例子。

```
>>>import requests
#设置代理 IP 组成的字典
>>>proxies = {
    "http":"http://10.10.1.10:3128", "https": "http://10.10.1.10:1080"}
>>>requests.get("http://example.org", proxies=proxies)
```

可以看到，Requests 使用代理 IP 非常方便，只需要构造一个代理 IP 的字典，然后在发起请求的时候，使用 proxies 添加这个代理 IP 的字典即可。

官方文档这个例子其实并不是很明确，我们知道 Python 字典的 key 必须是唯一的（如果有重复的 key，实际只有最后的 value 是有效的），如果需要使用多个代理 IP，应该如何处理呢？这里要首先明确：proxies 字典的 key 代表代理 IP 所使用的 HTTP 请求协议，而字典的 value 是代理 IP 地址。当需要使用多个代理 IP 时，建议读者还是将所有代理 IP 字典构造成列表，然后从列表中随机选取代理 IP。下一节就使用这种方法爬取微信文章。

如何获得代理 IP 呢？一般有如下两个途径。

一是从网上寻找免费的代理 IP。有很多提供免费代理 IP 的网站，可以使用这些网站提供的免费代理 IP。使用免费代理的缺点很多，从实用性、稳定性及安全性来考虑，不推荐读者使用免费的代理 IP。网上公布的代理 IP 不一定是可用的，用户很可能在使用过程中发现代理 IP 不可用或者已失效。

二是购买代理 IP，有很多提供这方面服务的网站，读者可以搜索一下。一般购买的代理 IP 可用性和稳定性都相对较好，缺点是需要一定的成本。在练习写爬虫的时候，可以使用免费代理；在生产环境中，免费代理 IP 很难满足需求，最好是购买高质量的代理 IP。

6.2.2 获取免费代理 IP

下一节将使用代理 IP 爬取微信文章，在爬取之前，需要获取几个可用的代理 IP。这里首先从西刺代理网站上寻找几个代理 IP，然后检查可用性，为下一节爬取微信文章做好准备。这里要提醒读者，在你看到这里的时候，很可能本书寻找的这几个代理 IP 已经不可用了，这时可以自己尝试重新寻找可用的免费代理 IP。打开西刺免费代理 IP 网站，图 6-1 所示为西刺免费代理 IP 网站的首页。

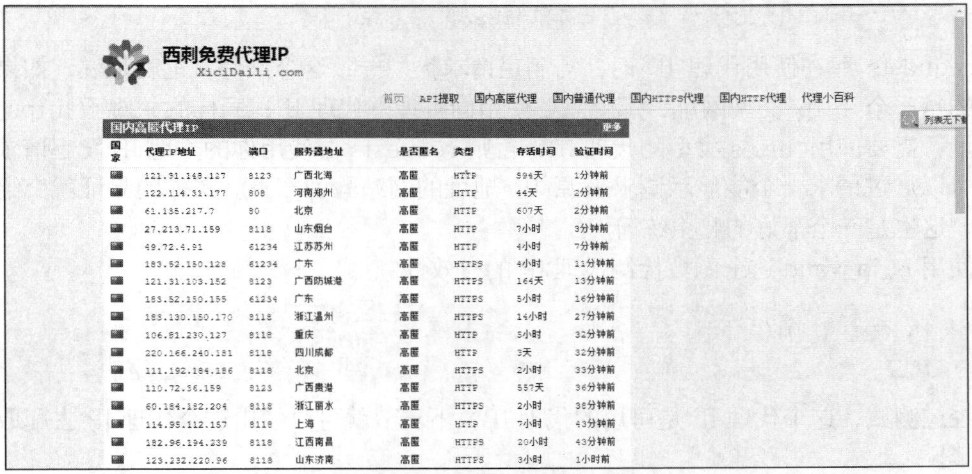

国家	代理IP地址	端口	服务器地址	是否匿名	类型	存活时间	验证时间
	121.31.148.127	8123	广西北海	高匿	HTTP	594天	1分钟前
	122.114.31.177	808	河南郑州	高匿	HTTP	44天	2分钟前
	61.135.217.7	80	北京	高匿	HTTP	607天	2分钟前
	27.213.71.159	8118	山东烟台	高匿	HTTP	7小时	3分钟前
	49.72.4.91	61234	江苏苏州	高匿	HTTP	4小时	7分钟前
	183.52.150.128	61234	广东	高匿	HTTPS	4小时	11分钟前
	121.31.103.152	8123	广西防城港	高匿	HTTPS	164天	13分钟前
	183.52.150.155	61234	广东	高匿	HTTPS	5小时	16分钟前
	183.130.150.170	8118	浙江温州	高匿	HTTPS	14小时	27分钟前
	106.81.230.127	8118	重庆	高匿	HTTP	5小时	32分钟前
	220.166.240.181	8118	四川成都	高匿	HTTP	3天	32分钟前
	111.192.184.186	8118	北京	高匿	HTTPS	2小时	33分钟前
	110.72.56.159	8123	广西贵港	高匿	HTTP	557天	36分钟前
	60.184.182.204	8118	浙江丽水	高匿	HTTPS	2小时	38分钟前
	114.95.112.157	8118	上海	高匿	HTTP	7小时	43分钟前
	182.96.194.239	8118	江西南昌	高匿	HTTPS	20小时	43分钟前
	123.232.220.96	8118	山东济南	高匿	HTTPS	3小时	1小时前

图 6-1 西刺免费代理 IP 网站的首页

西刺免费代理首页提供了国内高匿代理 IP，当用户使用的时候，除了 IP 地址，还要注意端口和类型，不要弄错。假如现在想使用网页中显示的第一个 IP 地址作为代理 IP，可以按如下代码构造 proxies 参数。

```
proxies = {"http": "http://121.31.148.127: 8123"}
```

在使用之前，最好验证一下代理 IP 的可用性，毕竟很多免费代理 IP 根本不可用。可以编写一个验证有效性的函数，使用这个代理 IP 爬取网易首页，然后判断是否成功，从而验证代理 IP 的可用性。

```
import requests
def is_ip_valid(proxies):
    headers = {'User-Agent': 'Mozilla/5.0 (Windows NT 10.0; WOW64) \
            AppleWebKit/537.36 (KHTML, like Gecko) \
            Chrome/46.0.2490.80 Safari/537.36'}
```

```
proxies_type = list(proxies.keys())[0]    # 提取请求类型
test_url = proxies_type + '://www.163.com/'   #构造请求网址
try:
    r = requests.get(test_url, headers=headers, proxies=proxies,
                    timeout = 5)
except:
    print('NO!')    # 如果不可用，打印"NO!"
else:
    print('YES!')   # 否则打印"YES!"
```

requests 库在使用代理 IP 时，需满足请求类型一致这个条件，也就是说，如果我们请求的是一个 http 类型网址，那就需要使用同类型的代理 IP；同样的，对于 https 类型的网址，需要使用 https 类型的代理 IP，否则 requests 会使用你的本地 IP 发起请求。这一点可以通过请求一个能显示请求来源 IP 地址的网站验证一下。具体的验证就交给读者来做，这也是一个很好的爬虫练习。

使用 is_ip_valid 这个函数检测代理 IP 的有效性：

```
>>>is_ip_valid(proxies)
YES!
```

经过测试，这个代理 IP 是可用的代理 IP，下一节就可以使用这个代理 IP 去爬取微信文章了。

以上讲解了 Requests 使用代理 IP 的方法，以及如何找到免费的代理 IP。在读者实际编写爬虫的时候，如果不想花钱购买稳定的代理 IP，可以尝试专门写一个爬虫，爬取免费的代理 IP 并验证其可用性，然后再应用于实际的爬虫项目中。

6.3　使用 IP 代理爬取微信文章

爬虫实战–使用代理爬取微信文章

6.3.1　分析微信文章的搜索页面及其 URL 的构造特点

为了增加趣味性，希望爬虫程序可以按照指定搜索的内容及指定的页数下载对应的微信文章。例如，要搜索 Python 相关的文章并希望下载前 10 页，那么爬虫应该可以在运行时接收指令并下载相应页数的文章。下面分析一下微信文章的搜索页面及其 URL 的构造特点。

打开微信文章搜索的页面，如图 6-2 所示。

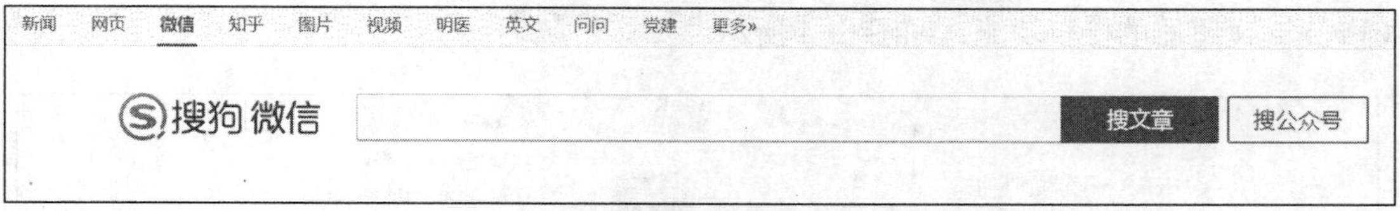

图 6-2　微信文章的搜索页面

　　页面上部有一个搜索框，搜索关键字 python，系统返回图 6-3 所示的页面，注意看它的 URL 是如何构造的。

图 6-3　搜索 python 的返回页面

　　搜索 python 这个关键字的文章列表页面 URL 为 http://weixin.sogou.com/weixin?type=2&query=python&ie=utf8。很显然，搜索结果页面 URL 在 query= 后面部分即是搜索的关键词，也就是说，可以在构造 URL 时候，可以在这里使用不同的搜索关键词，来改变搜索内容。

　　下面看一下翻页的 URL 是如何构造的。单击下一页，它的 URL 变为 http://weixin.sogou.com/weixin?query=python&type=2&page=2&ie=utf8。也很容易看得出来，这里增加了 page 这一项，用来指定请求的页码，可以换成 page=1，看看第一页是否也满足这个规律。很幸运，第一页满足这一规律。

　　至此我们已经知道了微信文章搜索的 URL 构造规律，可以通过更改 URL 中 query 项和 page 项的值来构造不同请求内容的不同页面。

　　因为下载的目标是微信文章，需要进一步分析搜索结果页面中文章的 URL 如何提取出来。在搜索结果页面中，右击一篇文章的题目，在弹出的菜单中选择"检查"，使用

Chrome 浏览器的检查功能，如图 6-4 所示。

图 6-4　使用 Chrome 浏览器的检查功能

从图中可以看出，文章的 URL 就是图中蓝色被选中的这行源码的 href 属性，它的 id 等于 sogou_vr_11002601_title_2。再查看其他文章题目所在的源码，会发现它们的 id 有一个共同的特点，那就是都是以 sogou_vr_11002601_title_开头，后面的数字是文章的序号。因此，我们可以通过 XPath 查询以 sogou_vr_11002601_title_开头的元素，然后取其 href 属性，就得到了文章 URL。最后，直接请求文章 URL 并下载文章内容就可以了。

以上就是对微信文章搜索页面及其 URL 构造特点的分析。

6.3.2　编写爬虫代码

根据上面的分析，爬虫应该包含 4 个部分，也就是说 4 个函数：下载函数——用于下载网页；保存函数——保存下载的文章；文章 URL 解析函数——构造并请求搜索结果网址，然后解析出文章 URL；文章页内容解析函数。

下面从最简单的开始，导入需要的库，编写保存文章的函数。

```
import requests
from lxml import etree
import random
```

```
def data_write(content, title):                          #保存文章的题目和内容
    with open('./wenzhang/' + title.replace('|', '').replace('?', '')
            + '.txt', 'wt', encoding='utf-8') as f:
        f.write(content)
        print('正在下载: ', title)
```

这里准备把每一篇文章保存为一个单独的 txt 文件，这个保存函数有两个参数——文章内容和文章标题。用文章标题作为保存文件的文件名，因为文件名中不能包含|和?等符号，为防止个别文章题目中包含这些符号而引起错误，把 title 中的这些符号替换掉。

然后定义一个专门爬取网页、构造选择器的下载函数，这是因为无论是爬取搜索结果页还是下载文章，都要用到爬取网页的动作，所以这里定义一个函数，它的参数就是要爬取的 URL，函数返回页面内容的选择器。

```
def spider(url):
    hea = {'User-Agent': 'Mozilla/5.0 (Windows NT 10.0; WOW64) \
            AppleWebKit/537.36 (KHTML, like Gecko) \
            Chrome/46.0.2490.80 Safari/537.36'}
#定义代理 IP 列表
    Proxies = [
      {"http": "http://61.160.6.158:81"},
      {"http": "http://122.235.154.46:8118"},
      {"http": "http://114.102.38.172:8118"},
      {"http": "http://183.147.73.173:8998"},
    ]
    r = requests.get(url, proxies=random.choice(proxies), headers=hea)
    return etree.HTML(r.text)
```

这里为了随机使用不同的代理 IP，定义了一个代理 IP 的列表，使用 random.choice 方法，每次请求时随机地取出一个 IP 作为代理。

下面编写构造搜索网址及解析所有文章 URL 的函数 get_all_url。这个函数有两个参数——搜索关键字和希望下载的总页数。

```
def get_all_url(page_nums, keyword):
    #根据总下载页数循环，构造搜索结果页面的 URL
    for page_num in range(1, int(page_nums)+1):
```

```
                search_url = 'http://weixin.sogou.com/weixin?query='
                    + keyword + '&type=2&page = '
                    + str(page_num)+ '&ie=utf8'
        selector = spider(search_url)    #抓取搜索页
        #解析出文章的 URL，使用 yield 作为一个生成器返回
        artical_urls = selector.xpath(
          "//*[starts-with(@id,'sogou_vr_11002601_title_')]/@href")
        for artical_url in artical_urls:
            yield artical_url
```

接下来编写文章内容解析函数。这里作为演示，只简单下载文章的题目和内容。

```
def spider_xiangqing(wenzhang_url):
    selector = spider(wenzhang_url)
    title = selector.xpath
('//h2[@class = "rich_media_title"]/text()')[0].strip()
    content=selector.xpath(
      'string(//*[@class="rich_media_content "])').strip()
    data_write(content, title)
```

这里首先获取了文章页面，然后解析出题目和内容，最后使用保存函数保存起来。
最后是主程序，主要就是接收用户的输入内容，然后交给上面定义的函数处理。

```
if __name__ == '__main__':
    keyword = input('请输入搜索内容: ')
    page_num = input('请输入下载总页数（必须为自然数）: ')
    for article_url in get_all_url(page_num, keyword):
        spider_detail(article_url)
```

到这里就完成了整个爬虫的代码编写。为了防止被搜狗反爬虫禁止，这里使用了模拟
浏览器的 User Agent 和随机的代理 IP。为了演示，这里只用了 4 个代理 IP。

6.4　本章小结及要求

本章探讨了常用的网站反爬虫策略及其应对措施，讲解了 Requests 使用代理 IP 的方
法及如何找到免费的代理 IP，还为读者展示了一个微信文章爬虫的实例。总之，在遭遇
网站反爬虫禁止的时候，只有仔细分析网站的反爬策略，才能有针对性地采取对应的反反

爬虫措施。另外，对爬取微信文章这个实例，读者不仅要关注如何使用代理 IP 来避免被服务器的反爬虫策略检测到，也要学会编写简单爬虫的整个流程。

本章要求读者爬取与 Python 相关的 50 个微信公众号的名称、功能介绍及最新的 5 篇文章。读者参考本节内容编写代码即可，同时也要注意采取一些措施防止被搜狗反爬虫禁止。

第7章

动态网页的抓取

7.1 动态网页及其爬取方法

7.1.1 动态网页的含义

动态网页是跟静态网页相对应的一种网页编程技术。静态网页随着 HTML 代码的生成，页面的内容和显示效果基本上不会发生变化——除非修改页面代码。动态网页则不然，页面代码虽然没有变，但是显示的内容却是可以随着时间、环境或者数据库操作的结果而发生改变的。动态网页一般使用被称为 AJAX 的快速动态创建网页技术。通过在后台与服务器进行少量数据交换，AJAX 可以使网页实现异步更新。这意味着可以在不重新加载整个网页的情况下，对网页的某部分内容进行更新。例如链家网移动页面的经纪人列表页，如图 7-1 所示。

图 7-1 链家网移动页面的经纪人列表页

　　随着向下拉滚动条，经纪人数据会被不断加载出来，但是 URL 却没有任何变化，这就是一个动态加载的网页。36 氪的 7×24h 快讯页面（http://36kr.com/newsflashes）与链家移动端这种情况基本相同，只要往下拉动滚动条，就会不断有新的文章被加载。再如，初次打开李开复老师在知乎的粉丝页面，我们感觉不到它与普通静态页面的任何区别，但是在 Chrome 浏览器中单击右键，在弹出的菜单中选择"查看网页源码"，查看它的源码（见图 7-2），就会发现源码的后半部分与前面完全不同，不像是正常的HTML 代码。

图 7-2　李开复在知乎的粉丝页面源码

　　之所以源码显示不同，是因为页面下半部分内容是动态加载出来的，新浪微博个人页也有这样的特点，读者可以自己看一下它的源码。

　　总结起来，对编写网络爬虫来说，可以通过两种简单方法判断一个网页是否是动态网页。

　　（1）是否在 URL 不变或者未刷新的情况下，能够加载新的信息。

　　（2）网页的源码结构与显示不同。

7.1.2　动态网页的爬取办法

　　动态网页 AJAX 技术实质是通过使用 XHR 对象获取到服务器的数据，然后通过

DOM 将数据插入到页面中呈现，数据格式可以是 xml 或 json 等。

针对 AJAX 技术在后台与服务器交换数据的特点，爬取动态加载的网页，可以考虑使用以下方法。

1. 分析页面请求，查找真实请求的 URL

既然 AJAX 技术是在后台与服务器交换数据，只要有数据发送过来，就肯定有发送到服务器的请求。只需找出它加载出页面的真实请求，然后构造并发送同样的请求即可。下一节将以爬取链家网站经纪人数据为例，详解如何找出真实请求并爬取这样的网站。

2. 使用 Selenium 模拟浏览器行为

Selenium 是一个自动化测试工具，也被广泛地用来做爬虫，在爬虫中主要使用 Selenium 解决动态网页的加载和渲染问题。Selenium 可以用代码操作浏览器，模拟人的操作。可以使用 Selenium，配合 headless 的浏览器（如 phantomjs、headless Chrome）来加载和渲染网页，然后提取需要的信息。7.3 节将详细讲解使用 Selenium 和 Chrome 浏览器编写 Selenium 爬虫的方法。

7.2　动态网页的爬取技巧

7.2.1　链家经纪人页面分析

本节要爬取链家的经纪人数据，这次选择爬取链家网的移动页面，毕竟移动页面相对干净、简单。上一节已经提到，移动版的链家经纪人列表页面采用了动态加载的技术，也就是说在 URL 不变的情况下，向下拉滚动条，可以不断加载新的数据。如果爬虫只是简单地爬取经纪人列表页面的 URL，只能得到初次加载的有限数据，后面的经纪人信息是爬取不到的。我们知道，既然加载了新的数据，系统一定发出了请求，我们就要仔细的分析，系统到底向服务器发送了什么样的请求。分析出来后，可以尝试构造同样的请求，从而用代码爬取后续加载的内容。

用 Chrome 浏览器打开链家网北京移动端经纪人列表页面，打开 Chrome 浏览器的"检查"功能，在弹出的检查子页面中选择 Network 栏目，这时 Network 栏目下的请求内容是空的，如图 7-3 所示。

现在把网页右侧的滚动条拉到底，让网页加载一些新的数据进来，Network 里出现了很多请求的信息，如图 7-4 所示。

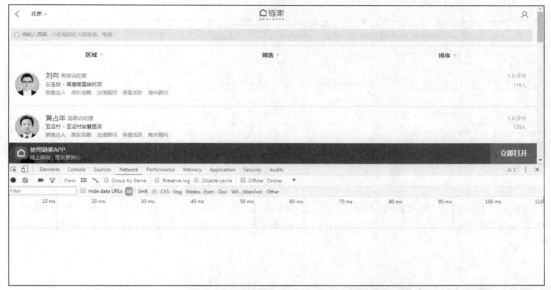

图 7-3　检查子页面中的 Network 栏目

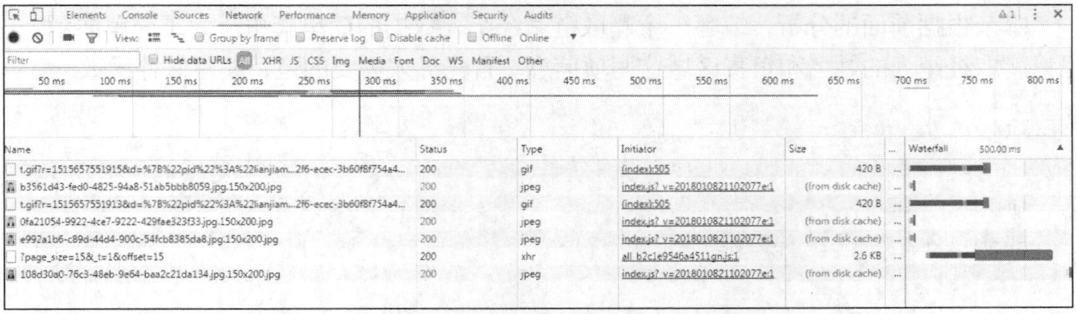

图 7-4　Network 栏目记录的请求信息

这些请求信息大部分都是以 jpg 结束的图片请求，但是也有很特别的请求 URL，如 https://m.lianjia.com/bj/jingjiren/?page_size=15&_t=1&offset=15 。这一条请求很特别，它包含 page_size 和 offset 这样的关键字，值得关注。现在继续拉滚动条到底，再次加载新的数据，看看 Network 栏目中有没有新的类似的 URL 产生，结果如图 7-5 所示。

除了下载图片的请求，这里出现了 https://m.lianjia.com/bj/jingjiren/?page_size=15&_t=1&offset=30 这样的请求。可以看到它的 offset 发生了变化，由 15 变成了

30。再向下拉动一次，又能发现新的请求 https://m.lianjia.com/bj/jingjiren/?page_size=15&_t=1&offset=45。

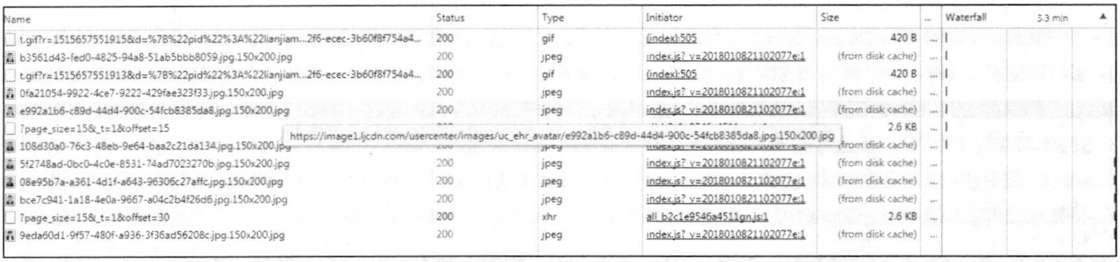
Name Status Type Initiator Size ... Waterfall 3.3 min
t.gif?r=1515657551915&d=%7B%22pid%22%3A%22lianjiam...2f6-ecec-3b60f8f754a4... 200 gif (index):505 420 B
b3561d43-fed0-4825-94a8-51ab5bbb8059.jpg.150x200.jpg 200 jpeg index.js?_v=2018010821102077e:1 (from disk cache)
t.gif?r=1515657551913&d=%7B%22pid%22%3A%22lianjiam...2f6-ecec-3b60f8f754a4... 200 gif (index):505 420 B
0fa21054-9922-4ce7-9222-429fae323f33.jpg.150x200.jpg 200 jpeg index.js?_v=2018010821102077e:1 (from disk cache)
e992a1b6-c89d-44d4-900c-54fcb8385da8.jpg.150x200.jpg 200 jpeg index.js?_v=2018010821102077e:1 (from disk cache)
?page_size=15&_t=1&offset=15 2.6 KB
https://image1.ljcdn.com/usercenter/images/uc_ehr_avatar/e992a1b6-c89d-44d4-900c-54fcb8385da8.jpg.150x200.jpg
108d30a0-76c3-48eb-9e64-baa2c21da134.jpg.150x200.jpg (from disk cache)
5f2748ad-0bc0-4c0e-8531-74ad7023270b.jpg.150x200.jpg 200 jpeg index.js?_v=2018010821102077e:1 (from disk cache)
08e95b7a-a361-4d1f-a643-96306c27affc.jpg.150x200.jpg 200 jpeg index.js?_v=2018010821102077e:1 (from disk cache)
bce7c941-1a18-4e0a-9667-a04c2b4f26d6.jpg.150x200.jpg 200 jpeg index.js?_v=2018010821102077e:1 (from disk cache)
?page_size=15&_t=1&offset=30 200 xhr all_b2c1e9546a4511gn.js:1 2.6 KB
9eda60d1-9f57-480f-a936-3f36ad56208c.jpg.150x200.jpg 200 jpeg index.js?_v=2018010821102077e:1 (from disk cache)

图 7-5　Network 栏目记录的新请求信息

至此可以总结一个规律，那就是每次请求 offset 增加 15，可以把这几条请求用网页单独打开，会发现它们是不同的经纪人列表页面，这样就找到了网页在后端实际请求的 URL 和其变化的规律。下面就可以根据发现的规律构造请求 URL，然后爬取经纪人信息了。

7.2.2 链家经纪人爬虫实现

本节根据前面的分析，编写一个爬取链家经纪人数据的简单爬虫。为了简单演示，这里只爬取经纪人的姓名和负责区域这两项信息。首先导入需要的包，编写保存函数。

```
import requests
import csv
import time
from lxml import etree


def csv_writer(item):
    with open('lianji_jingjiren.csv', 'a',
              encoding='gbk', newline='') as csvfile:
        writer = csv.writer(csvfile)
        writer.writerow(item)
```

下面定义一个 spider 函数，负责下载经纪人列表页并解析。

```
def spider(list_url):
    headers = {'User-Agent': 'Mozilla/5.0 (Windows NT 10.0; WOW64) \
```

```
                    AppleWebKit/537.36 (KHTML, like Gecko) \
                    Chrome/46.0.2490.80 Safari/537.36'}
Response = requests.get(list_url, headers=headers)
time.sleep(5)
sel = etree.HTML(response.text)          #构造信息提取器
#先爬取每一位经纪人的整体代码段
agent_list = sel.xpath('//li[@class="pictext flexbox box_center_v"]')
for agent in agent_list:        #循环解析出经纪人的信息
    agent_name = agent.xpath('div[2]/div[1]/span[1]/a/text()')[0]
    agent_region = agent.xpath('div[2]/div[2]/span[1]/text()')[0]
    item = [agent_name, agent_region]
    print('正在爬取: ', agent_name)
    csv_writer(item)      #保存爬取的数据
```

在这里有一点再次提示读者，每一个经纪人代码段中的相对 XPath 路径可以参考 Chrome 浏览器中复制出来的 XPath。例如，从 Chrome 中复制某个经纪人代码段的 XPath 路径，然后再复制这个经纪人姓名的 XPath 路径，两条路径之间的不同之处就是姓名在经纪人代码段中的相对 XPath 路径。这样比我们自己编写 XPath 路径简单许多。

下面编写主程序，实现以下功能：在循环中构造经纪人网页的请求地址，交给 spider 函数处理。例如这次爬取 1500 个经纪人的信息，每页显示 15 个经纪人，就需要爬取 100 页。

```
if __name__ == '__main__':
    for i in range(1, 101):
        url = (
                'https://m.lianjia.com/bj/jingjiren/
                + '?page_size = 15&_t=1&offset = '
                + str(i*15))
        spider(url)
```

这里根据加载新内容时 offset 的变化规律，用一个 for 循环，构造不同页面的 URL 请求，然后交给 spider 函数执行爬取功能。

以上就是处理 URL 不变类型动态页面的典型处理办法。读者在遇到类似 URL 不变、拉动滚动条或者单击某个按钮就能加载数据的情况时，一定要注意分析网站到底向服务器发送了什么样的请求，然后模仿这个请求，从而获得新的数据。

上面爬取链家移动网站的例子中，我们通过分析，发现了实际请求的 URL，然后在浏览器中直接打开这个 URL，显示的是正常的页面，但是很多时候，如爬取 36 氪的首页文章，如果按照本节的思路分析，会发现它也像链家网一样在发送请求，但是如果把请求的链接直接在浏览器中打开，会发现接收到的数据是 json 格式的。对于返回 json 数据的处理方法，第 8 章将在爬取拉勾网招聘职位的实例中演示。

在本节编写爬虫的过程中，最关键的是要发现网页向服务器发送的请求 URL，然后在爬虫中构造这个 URL。但是这种方法并不是万能的，有些动态网站的请求非常复杂，我们很难通过观察发现它的规律，如新浪微博，当登录后浏览的时候，通过 Chrome 浏览器的检查功能，会发现它请求的 URL 非常长而且难以发现其构造规律，这个时候就要用到下一节讲解的 Selenium 库了。

7.3 Selenium 库的安装与使用

爬虫基础-爬取
动态网站的神器
Selenium 简介

7.3.1 Selenium 库的安装

Selenium 是个自动化测试工具，也可用来解决动态网页的加载和渲染问题。Selenium 可以驱动浏览器模拟人的操作，支持各种浏览器，包括 Chrome、Safari、Firefox 等主流界面式浏览器。本书讲解 Selenium 配合 Chrome 浏览器来爬取网页内容，这是因为 Google Chrome 最新版本发布了一个新的实用功能——Headless Chrome，也就是无界面 Chrome 浏览器，这对提高爬虫效率非常有利。读者可能在其他书或者网站发现，之前人们普遍习惯使用 Selenium 配合 PhantomJS 编写动态网页爬虫。但是在 2017 年谷歌官方准备提供 Chrome Headless 后，PhantomJS 维护者 Vitaly Slobodin 随即在邮件列表上宣布辞职，PhantomJS 浏览器前景不明，因此本书使用 Selenium 和 Chrome 浏览器这两个工具。

Selenium 库不是 Python 标准库，使用前需要安装，可以使用 pip 来安装。

```
>pip install selenium
```

如果使用的是 Anaconda 发行版本的 Python，安装过程遇到 TypeError: parse() got an unexpected keyword argument 'transport_encoding'这样的错误提示，可以首先升级一下 pip 版本，然后再运行。

```
>conda install pip

>pip install selenium
```

这样就可以完成 Selenium 的安装了，本书所使用的 Selenium 版本是 3.8.1 版本。Selenium 需要配合 Chrome 浏览器使用，并且需要驱动浏览器的 chromedriver 驱动程序。

7.3.2 chromedriver 的安装和使用

Selenium 需要使用 chromedriver 来驱动 Chrome 浏览器，我们需要下载与操作系统对应的版本。chromedriver 的具体版本还要与使用的 Chrome 浏览器版本对应，表 7-1 所示为 chromedriver 与谷歌浏览器版本映射表。

表 7-1   chromedriver 与谷歌浏览器版本映射表

chromedriver 版本	支持的 Chrome 版本
v2.34	v61 ~ 63
v2.33	v60 ~ 62
v2.32	v59 ~ 61
v2.31	v58 ~ 60
v2.30	v58 ~ 60
v2.29	v56 ~ 58
v2.28	v55 ~ 57
v2.27	v54 ~ 56
v2.26	v53 ~ 55
v2.25	v53 ~ 55
v2.24	v52 ~ 54
v2.23	v51 ~ 53
v2.22	v49 ~ 52
v2.21	v46 ~ 50

例如，我们在本书中使用的 Chrome 浏览器版本是 62.0.3202.89（正式版本），操作系统是 Windows 10，根据表中的对应关系，下载使用的是 2.34 版本的 chromedriver.exe 文件。

Selenium 在使用 chromedriver 时，既可以把 chromedriver 添加到系统的环境变量，也可以直接在代码中指明 chromedriver 所在的目录。为了简单，本节会在代码中直接添加 chromedriver 所在的路径地址，从而省去了添加到系统环境变量的操作。

7.3.3 Selenium 的简单使用

安装好 Selenium 和 Chrome 浏览器，并且下载好驱动 chromedrive，就可以开始使用 Selenium 打开浏览器，并浏览需要的内容了。下面是一个简单示例。

第一步，从 Selenium 中引入 webdriver。

```
>>>from selenium import webdriver
```

第二步，初始化 webdriver。

```
>>>driver = webdriver.Chrome('d:/selenium/chromedriver.exe')
```

这里使用下载的 chromedriver.exe 的完整路径来初始化 webdriver，因为下载的 chromedriver.exe 放在了 D 盘的 selenium 文件夹中，所以这里填写的路径是 d:/selenium/chromedriver.exe。

运行完这一步，Selenium 会打开 Chrome 浏览器，如图 7-6 所示。

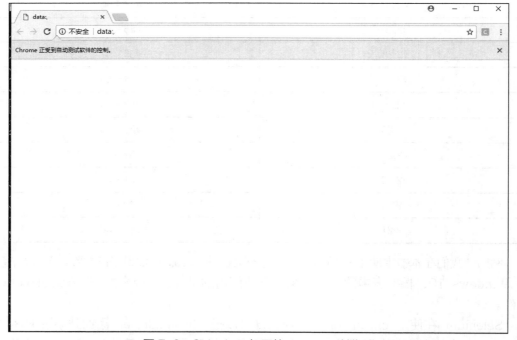

图 7-6　Selenium 打开的 Chrome 浏览器

第三步，使用 webdriver 打开百度首页。

```
>>>driver.get('https://www.baidu.com/')
```

可以使用 webdriver 的 GET 方法打开百度，如图 7-7 所示。

图 7-7　Selenium 驱动 Chrome 浏览器打开百度

第四步，使用 XPath 找到搜索框，在 Selenium 中继续使用 XPath 路径查找元素。

```
>>>search_box = driver.find_element_by_xpath('//*[@id="kw"]')
```

第五步，在搜索框中输入搜索关键字 python。

```
>>>search_box.send_keys('python')
```

这里使用 send_keys 方法输入了搜索关键字，现在的浏览器如图 7-8 所示。
最后找到搜索按钮并单击。

```
>>>submit = driver.find_element_by_xpath('//*[@id="su"]')
>>>submit.click()     #单击搜索按钮
```

图 7-8　Selenium 输入搜索关键词

　　这里还是使用了 XPath 路径定位"百度一下"按钮，当然也可以使用 driver.find_element_by_id('su')通过 id 找到元素，当知道一个元素的 name 时，Selenium 也支持使用 name 查找元素，然后对找到的这个元素应用 click 方法单击它，这样就完成了用 Selenium 打开百度网页，输入搜索关键字并单击搜索的过程。

　　以上是通过打开百度并搜索关键词这个小例子简单说明和演示了 Selenium 的基本应用，读者应该注意到，我们既可以在 webdriver 中使用 XPath 语法定位网页中的元素，也可以下载这些元素中的信息。下一节将通过爬取新浪微博的个人页面微博，来演示使用 Selenium 编写爬虫爬取网页的全过程。

　　代码的运行速度相对于浏览器打开速度而言是相当快的，如果代码中没有执行等待或确认网页已经完全打开，很有可能代码后续执行时会报错。这就要求在执行代码过程中添加执行等待浏览器的代码，既可以使用 time.sleep()这种固定时长等待时间，也可以使用隐式等待。隐式等待是在尝试发现某个元素的时候，如果没能立刻发现，就等待固定长度的时间，默认设置是 0 秒。一旦设置了隐式等待时间，它的作用范围就是 webdriver 对象实例的整个生命周期，也就是说在代码中只需要编写如下代码设置一次即可。

```
driver.implicitly_wait(10)
```

　　这里设置隐式等待 10 秒，也就是在查找元素时的最大等待时间为 10 秒，如果超过 10 秒就会报错。还可以使用显式等待，显式等待定义了等待条件，只有该条件触发，才执行后续代码，它的效率比 time.sleep()这种固定时长等待要高很多，读者可以查阅相关文档进行学习。

　　本节带领读者认识了 Selenium 这个解析动态网页的终极武器。Selenium 不仅可以应用在爬虫方面，还可以被用来自动化地完成很多任务。例如需要在某个网站大量重复地提交数据，可以编写一个脚本，使用 Selenium 自动化地完成这些任务。

7.4　爬取新浪微博网站

爬虫实战–Selenium
登录并爬取微博首页

7.4.1　新浪微博网站爬取分析

　　这一节通过爬取新浪微博网站这个实例来讲解使用 Selenium 爬取动态网页的技巧。在编写代码之前，还是先分析一下新浪微博网站。

　　要爬取个人首页，首先需要登录新浪微博，由于 Selenium 使用浏览器登录，浏览器会自动帮用户处理 Cookies 并保持登录，因此，登录之后就可以直接打开微博的个人页面并爬取最新的微博了。

　　在浏览微博的时候，如果希望查看更多微博，需要向下拉动网页的滚动条，网页会自动加载更多的微博内容，如果希望爬虫下载更多微博，就需要模拟拉动滚动条这个动作。如果希望爬虫能够不断地爬取最新发布的微博，可以在等待一段时间后直接重新打开首页，然后爬取即可。

　　总结起来，爬取新浪微博页面，需要 3 步：第一步，登录新浪微博网站；第二步，解析微博网站页面；第三步，定时重新打开微博首页，爬取最新发布的微博或拉动滚动条爬取更多以前的微博。

　　下面按照这 3 步编写新浪微博网站爬虫代码。

7.4.2　新浪微博网站爬虫实现

　　第一步，导入需要的模块、编写保存函数。因为微博内容可能包含各种各样的表情符号从而引起保存错误，可以进行简单处理，使用 try 和 except 忽略保存错误。对于本书前面几章的代码，如果想让代码在遇到错误时能继续运行，也可以像这样简单处理，增加 try 和 except。

```python
from selenium import webdriver
import csv
import time


def csv_writer(item):
    with open('weibo.csv', 'a', encoding='gbk', newline='') as csvfile:
        writer=csv.writer(csvfile)
        try:
            writer.writerow(item)
        except:
            print('写入失败')
```

第二步，编写登录新浪微博网站的函数。

```python
def login():
    driver.get('https://weibo.com')
    time.sleep(5)
    driver.set_window_size(1920, 1080)    #设置浏览器大小
    #找到用户名输入框
    username = driver.find_element_by_xpath('//*[@id="loginname"]')
    username.send_keys('your username')    #填写用户名
    password = driver.find_element_by_name('password')
    password.send_keys('your password')    #填写密码
    submit = driver.find_element_by_xpath(
        '//*[@class="W_btn_a btn_32px"]')        #找到登录按钮
    print('准备登录....')
    submit.click()        #单击登录
    time.sleep(4)
```

在登录函数中，首先使用 driver.get 方法打开微博网站首页，然后使用 set_window_size 方法设置窗口的大小，这样做的目的是防止默认的窗口大小下有些元素显示不全；然后使用 XPath 路径分别查找和填写登录用户名和密码；最后允许用户单击登录按钮提交登录。这里使用 time.sleep()这种固定时长的等待方式。

　　第三步，定义爬取、解析页面函数。这里爬取微博发布者、发布者个人主页 URL 和发布的微博内容。

```
def spider():
    driver.get('https://weibo.com')      #刷新微博网站首页
    time.sleep(4)
    #先获取页面中所有微博代码段，然后使用循环从每一段中提取数据
    all_weibo = driver.find_elements_by_xpath(
      '//div[@class="WB_cardwrap WB_feed_type S_bg2 WB_feed_like"]')
    for weibo in all_weibo:
        pub_id = weibo.find_elements_by_xpath(
          'div[1]/div[3]/div[1]/a[1]')[0].text     #解析出微博用户 id
        pub_id_url = weibo.find_elements_by_xpath(
          'div[1]/div[3]/div[1]/a[1]')[0].get_attribute('href')
                                                 #解析发布者 URL
        pub_content = weibo.find_elements_by_xpath(
          'div[1]/div[3]/div[3]')[0].text     #解析微博内容
        item = [pub_id, pub_id_url, pub_content]
        print('成功抓取', pub_id)
        csv_writer(item)
```

　　下面详细解释一下 spider 函数。现在页面中有很多条微博，这里还是先抓取每一条微博的代码段，然后从这一代码段中解析发布者名称、发布者 URL 和微博内容。Selenium 中使用.text 这种方法提取文本信息，使用.get_attribute 提取属性信息，最后使用 csv_write 函数保存抓取到的内容。

　　第四步，编写主函数。主要是初始化 driver 对象，然后每隔 5 分钟刷新一次页面，抓取最新发布的微博。

```
if __name__ == '__main__':
    driver = webdriver.Chrome(r'd:/selenium/chromedriver.exe')
    login()      #先执行登录
    while True:
        spider()
        time.sleep(300)        #每隔 5 分钟执行 spider 函数
```

以上是简单编写的新浪微博网站爬虫，它会登录新浪微博并每隔 5 分钟刷新一次页面，爬取最新发布的微博。这样并不是很完善，有可能 5 分钟没有刷新出来几条新微博，持续地抓取就会发生重复抓取的问题。同时，上面代码没有考虑去重，爬取过程中可能产生大量重复数据。

7.4.3　爬虫的简单去重

爬虫实战-
Phontomjs 的使用

如何实现爬取数据的去重呢？可以借助 Python 的 set 数据结构实现对内容的简单去重，也可以基于微博时间线去重，甚至可以爬取下来后统一去重。下面演示最常见的使用 Python 的 set 数据结构进行去重的方法。

这里选择使用微博内容进行去重判断，毕竟一个微博用户可以多次发微博，不能用微博用户 id 或者用户 URL 进行去重判断。可以直接将爬取到的微博内容加进 set 中，然后每次爬取新的微博后进行是否重复的判断。这样做有一个坏处，那就是微博内容一般比较多，直接使用微博内容去重会占用大量的内存，影响爬虫效率。建议是使用摘要算法把微博内容转换成固定长度的摘要，然后对摘要是否重复进行判断。

什么是摘要算法呢？摘要算法又被称为哈希算法，它通过一个函数把任意长度的数据转换为一个长度固定的数据串（通常用 16 进制的字符串表示）。例如微博内容是一个很长的字符串，使用摘要算法会得到一个固定长度的摘要，如果一段时间后再次爬取到了这条微博，对它使用摘要算法会计算出相同的摘要；如果再次爬取的微博内容有变化，计算出的摘要会不同于原始微博的摘要。

可见摘要算法就是通过摘要函数对任意长度的数据（微博）计算出固定长度的摘要，然后就可以对摘要进行去重判断了。摘要算法之所以能指出数据是否相同，就是因为摘要函数是一个单向函数，计算摘要很容易，但通过摘要反推原始内容是非常困难的。同时，对原始数据做一个 bit 的修改，都会导致计算出的摘要完全不同。对于爬虫去重来说，使用摘要算法能大大减少内存占用，因为无论多长的微博内容，假如使用最常见的 MD5 摘要算法，都会被映射到固定的 128 bit。

这里以 MD5 摘要算法为例，计算出一个字符串的 MD5 值，导入 hashlib。hashlib 是一个提供了一些流行的 hash 算法的 Python 标准库。

```
>>>import hashlib
>>>str_md5 = hashlib.md5('life is short you need
python'.encode('utf-8')).hexdigest()    #计算字符串 MD5 值
>>>print(str_md5)
 '97c1a34bf007432144dfb14bbfb4fbb6'
```

可以看到计算 MD5 值比较简单，唯一要注意的是在计算摘要之前，需要将字符串编码为二进制形式。

下面改造新浪微博爬虫代码，使它具有去重的功能。主要改两个地方，一是程序运行开始时，初始化一个 set。

```python
if __name__ == '__main__':
    is_dup = set()          #新建一个空的 set
    driver = webdriver.Chrome(r'd:/selenium/chromedriver.exe')
    login()
    while True:
        spider()
        time.sleep(300)
```

二是改造 spider 函数。爬取到数据后，在调用 csv_write 保存之前增加去重判断。

```python
def spider():
    driver.get('https://weibo.com')
    time.sleep(5)
    all_weibo = driver.find_elements_by_xpath(
        '//div[@class="WB_cardwrap WB_feed_type S_bg2 WB_feed_like"]')
    for weibo in all_weibo:
        pub_id = weibo.find_elements_by_xpath(
            'div[1]/div[3]/div[1]/a[1]')[0].text
        pub_id_url = weibo.find_elements_by_xpath(
            'div[1]/div[3]/div[1]/a[1]')[0].get_attribute('href')
        pub_content = weibo.find_elements_by_xpath(
            'div[1]/div[3]/div[3]')[0].text
#下面计算爬取到的 pub_content 摘要
        hash_content = hashlib.md5(pub_content.encode('utf-8')).hexdigest()
#如果摘要不在 set 中，就将爬取到的微博保存下来
        if hash_content not in is_dup:
            item = [pub_id, pub_id_url, pub_content]
            print('成功抓取:', pub_id)
            csv_writer(item)
            is_dup.add(hash_content)          #最后把保存过的微博摘要加进 set 中
```

经过上面的改造，爬虫增加了去重判断，仅会对新的微博内容进行保存。这种去重并不是很完美，如果爬虫程序遇到问题中断或者服务器重启，set 中的内容会全部丢失，不能继续进行去重判断。如果希望将 set 中的内容持久化，可以考虑使用 Redis 缓存服务器去重，后面的 Scrapy 章节将介绍使用 Redis 缓存服务器去重的方法。

7.4.4　使用 Chrome 浏览器的 headless 模式

上面的爬虫在运行的时候会实际打开 Chrome 浏览器，这种方式执行效率不高，Chrome 浏览器 59 以上版本可以使用 headless 模式。所谓 headless 模式，就是在无界面模式下运行谷歌浏览器，本质就是将由 Chromium 和 Blink 渲染引擎提供的所有现代网页平台的特征，都转化成命令行模式执行。为了开启 Chrome 浏览器的 headless 模式，可以使用如下代码初始化 webdriver。

```python
if __name__ == '__main__':
  chrome_options = ChromeOptions()
  chrome_options.add_argument('--ignore-certificate-errors')
  chrome_options.add_argument('--headless')
  chrome_options.add_argument('--disable-gpu')
  #binary_location 指向谷歌浏览器的安装路径
  chrome_options.binary_location = (r'C:\Program Files(x86)\Google'
                                    + r'\Chrome\Application\chrome.exe')
  driver = webdriver.Chrome(
    executable_path=r'd:\selenium\chromedriver.exe',
    options=chrome_options)
```

上面代码中的 chrome_options.binary_location 要指向 Chrome 浏览器的安装路径，不同的系统有不同的路径，这里要根据自己使用的系统设置一下。--disable-gpu 是用来处理一些 bug 时暂时需要的命令，在之后的 Chrome 浏览器版本中就不需要了。

这样初始化 webdriver 后，就可以进入 headless 模式了。用户可以继续运行上面的爬取新浪微博的代码，但不会看到实际打开浏览器等一系列的操作。这种模式下爬虫的执行效率更高，如果使用隐式等待或者显式等待替换掉固定时长等待，整个爬虫的爬取效率可大大提高。

7.5 本章小结及要求

本章介绍了动态网页的含义并简单讲解了爬取动态网页的方法，用实例演示了 URL 不变动态网页的爬取技巧。本章还通过爬取新浪微博这个例子，向读者展示了使用 Selenium 配合 Chrome 浏览器编写爬虫的技巧，读者应该学会使用 driver 对象查找元素、提取文本和属性的方法。当然 driver 对象还可以使用 id 或 name 等属性定位网页元素，读者可以查看 Python Selenium 文档。另外，在一些情况下，还可以使用 Selenium 驱动 Chrome 浏览器登录网站，然后通过 driver 对象的 get_cookies 方法获取登录后的 Cookies，再使用 Requests 完成后续的爬取过程，这同样能极大地提高爬取深层网页的效率。

本章要求爬取 1000 个链家经纪人的成交数据。这是一个非常有挑战性和趣味性的爬取作业，对于链家网站的分析，读者可以参考 14.2 节，特别是其中对于成交记录翻页的分析，值得读者借鉴，然后使用 Requests 完成对链家经纪人成交记录的爬取。14.2 节会演示使用 Scrapy 框架完成爬取。读者在爬取过程中要注意两点：一是要爬取链家移动页面，二是要防止爬虫被网页反爬虫技术禁止。

第 8 章

动态网页与应对反爬虫综合实例

8.1 拉勾网网站分析

8.1.1 拉勾网网站页面初步分析

通过前面的学习，读者对如何使用 Requests 爬取一个网站、如何解析网页、如何应对网站反爬虫，以及如何爬取动态网页都有了一定的了解，这一章通过爬取拉勾网数据分析招聘岗位的例子，为读者综合演示从开始分析页面到遭遇反爬虫时的应对方法和实战技巧，把整个思考、测试的过程以接近实战的方式展示给读者，希望读者通过本章的学习，巩固前 7 章所学内容。同时，本章也为读者演示一些前面还没讲到和说明的编写爬虫的技巧，读者可以在学习下面的内容之前，自己尝试去爬取一下拉勾网。

下面分析一下拉勾网网站，根据分析选择合适的爬取策略。打开拉勾网，然后以"数据分析"为关键词搜索相关的招聘职位，搜索结果如图 8-1 所示。

图 8-1 "数据分析"岗位的搜索结果

从图 8-1 左上角的"职位(500+)"可知，拉勾网上与数据分析相关的职位超过 500 个。把页面拉到最下面，可以看到页数和翻页情况，结果如图 8-2 所示。

图 8-2　搜索结果翻页情况

从翻页栏可知，搜索结果一共有 30 页，而每页仅仅显示 15 条招聘信息，也就是说拉勾网在搜索结果页面仅仅展示了 450 条招聘信息。如果想对数据分析相关招聘职位的要求、报酬、工作地点等做一个客观的分析，仅仅 450 条是明显不够的，应该如何处理呢？事实上，在很早之前，拉勾网要求必须登录才能查看和搜索其职位，而现在网站应该是改版了，也仅仅展示最近发布的 450 条招聘信息。如何才能抓取更多的数据以分析相关职位呢？

前面曾经提到过，如果网站有移动页面，推荐读者优先抓取移动页面。一般网站的移动页面网址是以 m 开头的子域名，拉勾网是有移动页面的，如图 8-3 所示。

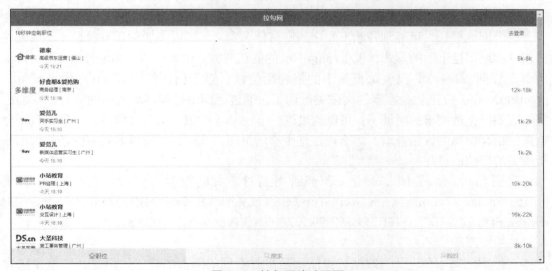

图 8-3　拉勾网移动页面

从图 8-3 中可以看出拉勾网移动页面非常简洁，很有利于爬虫爬取。单击底部的

"搜索"按钮，输入"数据分析"，按回车键，看一下搜索结果列表，拉到底部，可以看到一个"加载更多"的按钮，单击它可以再显示 15 个职位信息，如果不停地单击这个按钮，就会不断有新的数据被加载出来。很显然这是一个动态网页，单击"加载更多"按钮时，网页加载了新的数据，但是网页的 URL 并没有变化。现在读者肯定知道，这是因为在单击的时候发送了请求给服务器，服务器响应这个请求才显示了更多的数据。可以查看一下这个请求，并模仿它向服务器发送请求，从而获取新的数据。

打开 Chrome 浏览器，在空白处单击右键，在弹出的菜单中选择"检查"，然后单击"加载更多"，可以看到发送的请求，如图 8-4 所示。

图 8-4 加载数据发送的请求信息

从 8-4 图中可以看到 Request URL 为 http://m.lagou.com/search.json?city=%E5%85%A8%E5%9B%BD&positionName=%E6%95%B0%E6%8D%AE%E5%88%86%E6%9E%90&pageNo=3&pageSize=15。

这个网址很长，可能刚开始不知它到底有什么含义，可以多加载几页看看，不难发现请求的网址都是上面的形式，仅仅 pageNo 的值在增加。由此可知，pageNo 代表所请求的页码，而 Size=15 代表每页显示的招聘岗位数，至于前面的参数 city 代表城市，positionName 应该就是搜索的岗位关键词了。通过上面对拉勾移动网站的分析，我们已经知道如何构造请求的网址了：可以通过改变 pageNo 的值爬取多页信息，实现对数据分析岗位招聘信息的大量抓取。那么通过这个移动页面，我们到底能抓取到多少条与数据分析相关的职位信息呢？

改变 pageNo 的值，查看一下能否得到对应页的数据。例如，查看第 100 页（http://m.lagou.com/search.json?city=%E5%85%A8%E5%9B%BD&positionName=%E6%95%B0%E6%8D%AE%E5%88%86%E6%9E%90&pageNo=100&pageSize=15）。

结果如图 8-5 所示。

这里得到第 100 页的数据。虽然不是平时看到的网页的样子，但是其中至少包含招聘数据。那么最多可以爬取多少页呢？再试一下 pageNo=300，结果出现变化了，如图 8-6 所示。

图 8-5　搜索结果第 100 页

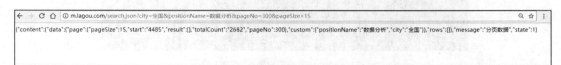

图 8-6　搜索结果第 300 页

第 300 页仅仅显示了一行数据，说明第 300 页已经没有招聘岗位了，不过能在这一行里找到"totalCount":"2682"这样的提示，这就说明总共可以看到 2682 条与数据分析相关的招聘信息，每页显示 15 条，也就是总共 179 页，可以打开第 179 页和第 180 页验证一下。当然了，在读者看到本书的时候，可能数据已经更多了。至此，爬取思路已经有了，只需要构造总共 179 页的请求网址，发起请求就可以抓取到这些数据，分析相关招聘职位的列表数据。

8.1.2　解析 json 数据和招聘岗位详情页分析

上面对招聘岗位列表页面的分析有一个问题需要解决，那就是打开构造的请求网址返回的是 json 数据。前面我们并没有演示 json 数据的处理方法。幸运的是，对于网站返回 json 数据，Requests 中有一个内置的 json 解码器，可以帮助处理 json 数据。下面请求第一页试试。

```
>>>import requests
>>>url = 'http://m.lagou.com/search.json?city=%E5%85%A8%E5%9B%BD'
```

```
    '&positionName=%E6%95%B0%E6%8D%AE%E5%88%86%E6%9E%90'
    '&pageNo=1&pageSize=15')
>>>r = requests.get(url)
>>>r.json()
```

从图 8-7 中可以看到使用 Requests 的 json 解码器解码返回了 Python 字典结构的数据，这样就简单了——我们可以直接从字典中取出招聘岗位列表数据，非常方便。

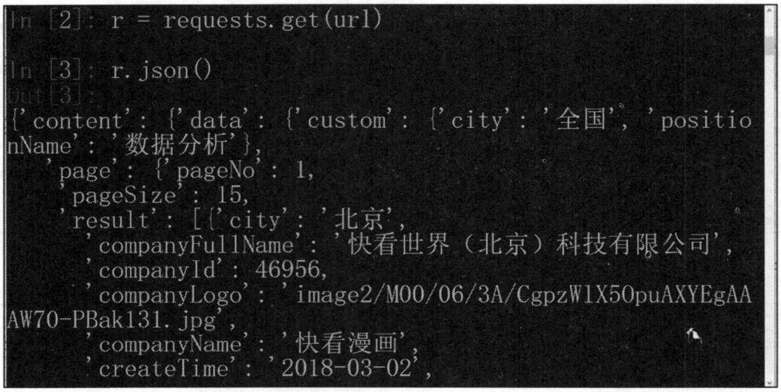

图 8-7　Requests 解码 json 数据

因为希望能够爬取到招聘岗位的要求，如学历、工作经验及岗位职责等，我们还需要进入招聘岗位的详情页面爬取这些数据，那就需要获取招聘岗位详情页的 URL，如何获取详情页 URL 呢？回到页面继续分析。

以第一条招聘数据为例，单击进入其详情页面，如图 8-8 所示。

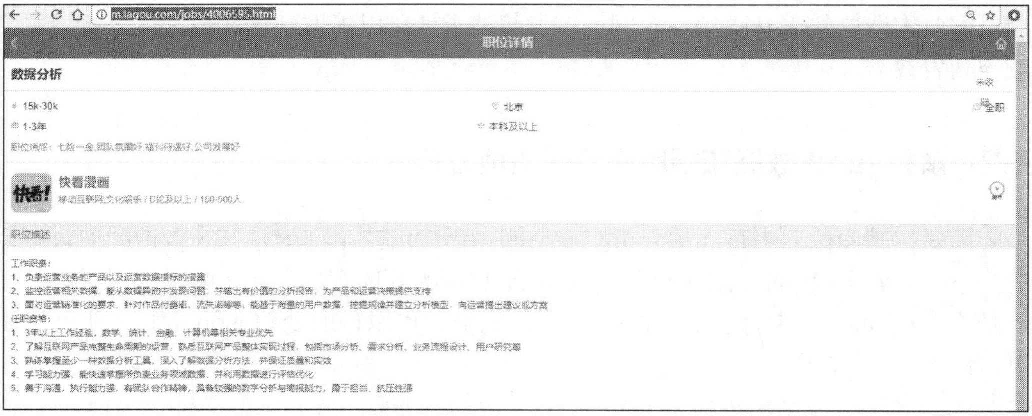

图 8-8　招聘岗位详情页面

可以看到它的 URL 为 http://m.lagou.com/jobs/4006595.html。其关键就是最后的数字 id，通过与列表页中解析出的数据对比，不难发现这个数字 id 就是招聘列表页面中职位的 positionId 的值。由此可见，通过解析招聘列表页面中招聘职位的 positionId 的值，构造出招聘职位详情页的 URL，然后请求这个地址，就可以解析出学历、工作经验及岗位职责等信息。

下节将按照这个思路编写拉勾网爬虫代码。

8.2 拉勾网爬虫实现

8.2.1 拉勾网爬虫的初步实现

下面按照上节的分析，编写拉勾网爬虫代码。

第一步，导入各种包。

```
import requests
from lxml import etree
import time
import csv
```

第二步，编写保存函数。

```
def csv_write(item):
    with open('lagou.csv', 'a', encoding='gbk', newline='') as csvfile:
        writer = csv.writer(csvfile)
        try:
            writer.writerow(item)
        except Exception as e:
            print('write error!', e)
```

这个保存函数与前几章编写的不同之处在于增加了 try 和 except，使这个函数能够捕捉并打印保存产生的错误。

第三步，编写最主要的爬虫函数 spider，其参数就是招聘职位列表页面 URL。

```
def spider(list_url):
    headers = {'User-Agent': 'Mozilla/5.0 (Windows NT 10.0; WOW64) \
                            AppleWebKit/537.36 (KHTML, like Gecko) \
```

```
                              Chrome/62.0.3202.89 Safari/537.36'}
r = requests.get(list_url, headers=headers)    #获取列表页
time.sleep(2)
res = r.json()    #使用json解码
#循环处理招聘列表
for comp in res['content']['data']['page']['result']:
    com_detail_url = 'http://m.lagou.com/jobs/'
                    + str(comp['positionId']) + '.html'
                                        #构造详情页URL
    response = requests.get(com_detail_url, headers=headers)
                                        #获取详情页
    time.sleep(2)
    sel = etree.HTML(response.text)
    try:
        workyear = sel.xpath("//span[@class='item workyear']"
                            "/span/text()")[0].strip() #解析年限要求
    except:
        workyear = ''
    try:
        education = sel.xpath("//span[@class='item education']"
                            "/span/text()")[0].strip() #解析学历要求
    except:
        education =''
    try:
        content = sel.xpath("string(//div[@class='content'])")strip()
    except:
        content =''
    city = comp['city']                     #提取城市信息
    company = comp['companyName']           #提取公司名称
    createTime = comp['createTime']         #发布时间
    position = comp['positionName']         #职位名称
    salary = comp['salary']                 #工资信息
    item = [city, company, createTime, position, salary,
            education, workyear, content]
    csv_write(item)                         #使用csv_write函数保存
    print('正在抓取: ', company)
```

上面的代码比较长，下面一行一行地解释。

为了防止被拉勾网反爬虫禁止，这里首先定义了 headers 模拟真实浏览器。然后 GET 传入的 URL，这里同样为了防止被反爬虫禁止，等待两秒，然后使用 Requests 的 json 解码器解码得到的响应内容，解析出的内容是一个嵌套的字典，可以从中取出职位列表数据。对这个列表迭代，取出每一个职位的 positionId 并构造出这个职位的详情页 URL，然后继续请求详情页并解析出年限要求、学历及职责描述等数据。为了防止有的公司对某一项没有要求而出现缺失值，进而引起保存函数错误，这里使用了 try 和 except 设置缺失值为空字符串。

然后继续从字典中提取出职位列表页面中其他感兴趣的数据，最后构造 list，使用保存函数保存到 csv 文件中。这就是上面爬虫函数 spider 完成的任务。

下面写主函数，主要就是构造列表页 URL，并传绘上面写好的 spider 函数里，然后执行爬取。

```
if __name__ == '__main__':
    all_url =
['http://m.lagou.com/search.json?city=%E5%85%A8%E5%9B%BD \
            &positionName=%E6%95%B0%E6%8D%AE%E5%88%86%E6%9E%90&pageNo='
            + str(x)+'&pageSize=15'for x in range(1, 180)]
    for url in all_url:
        spider(url)
```

这里用列表推导式生成待爬取的 URL 列表，然后使用 for 循环，依次使用 spider 函数爬取。

8.2.2 拉勾网爬虫的进一步完善

上面已经按照思路写好了拉勾网爬虫代码，如果在 pycharm 中运行测试，很有可能会出现如图 8-9 所示的错误。

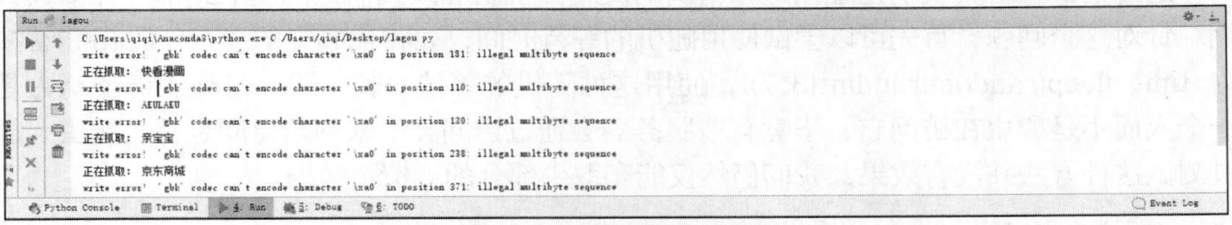

图 8-9 运行爬虫的错误提示

这是定义的保存函数 csv_write 提示的一个错误：write error! 'gbk' codec can't encode character '\xa0' in position 181: illegal multibyte sequence。

这个错误说明在保存数据到 csv 文件时，由于数据中包含\xa0 这个特殊符号，不能使用 gbk 编码而抛出一个错误。这个错误也说明在保存函数中增加捕捉错误的代码是非常有必要的。要解决这个问题，只需要将\xa0 替换为空字符串即可。我们可以很容易判断出这个符号是出现在 zhize 这个字段中的，在解析 zhize 这行代码的后面增加一个替换就好了。

```
content = sel.xpath(
        "string(//div[@class='content'])").strip().replace('\xa0', '')
```

这样再次运行这个爬虫程序，发现可以正常爬取网页了，但是查看爬取下来的 csv 文件，会发现只有前 5 行数据，以及后面断断续续的部分数据，有年限要求、学历要求和岗位职责这 3 个字段的信息，这是一个非常奇怪的问题。如果遇到这个问题，就要考虑是不是没能抓取到这些字段的职位详情页页面布局与能抓取到的不同？通过仔细地分析和比对，我们发现所有职位详情页页面布局完全相同，在命令行中对单个页面进行抓取解析，是能够获取到这 3 个字段的数据的。

这个问题是以前没有遇到过的，同样的页面布局，有的时候能抓取到数据，有的时候却不能，这时应该考虑，是不是触发了拉勾网的反爬虫机制？

很显然，仅仅有一小部分网页能被抓取成功，是因为触发了服务器的反爬虫策略。服务器检测到爬虫行为，会禁止一段时间，等过了这段时间后，爬虫又能爬取了，然后又被禁止，最后造成仅有小部分数据能被完整爬取。

既然可以确定是被反爬虫禁止，我们就需要思考，拉勾网是通过什么机制检测到爬虫的呢？下一节将讨论这个问题。

8.3　探索拉勾网反爬虫机制

通过前面分析，我们已经知道拉勾网的反爬虫机制导致我们只能爬取到部分详情页数据。针对这个问题，首先可以尝试使用随机的等待时间，如将代码中的 time.sleep(2)替换为 time.sleep(random.randint(3,7))，使用这种随机的等待时长，更容易让服务器认为是一个人而不是爬虫在访问它，毕竟有些服务器会通过访问频率来判断访问是否是爬虫。经过测试这种方法并没有效果，我们仍然仅能爬取少部分的详情页数据。

既然不是等待时长的问题，我们怀疑拉勾网是不是通过 headers 中某些字段反爬虫。可以复制一个 Chrome 浏览器中的完整 headers 添加到请求中。

```
headers = {'Accept':'text/html,application/xhtml+xml,application/xml; \
                    q=0.9,image/webp,image/apng,*/*;q=0.8',
        'Accept - Encoding':'gzip, deflate',
        'Accept - Language':'zh-CN, zh;q=0.9',
        'Cache - Control':'max-age=0',
        'Connection':'keep - alive',
        'Host': 'm.lagou.com',
        'Upgrade-Insecure-Requests': '1',
        'Referer':'http://m.lagou.com/',
        'User-Agent':'Mozilla/5.0 (Windows NT 10.0; WOW64) \
                    AppleWebKit/537.36 (KHTML,like Gecko)\
                    Chrome/62.0.3202.89 Safari/537.36'}
```

再次测试，结果仍没有改变。

这个时候再次考虑拉勾网的反爬虫机制，还有两个方向值得验证和考虑——通过 IP 地址或 Cookies 反爬虫。我们的爬取速度明显很慢，不可能触发拉勾网对 IP 地址的反爬虫机制，那结果很可能是拉勾网在通过 Cookies 实现其反爬虫检测。为了验证这一点，先通过 Chrome 浏览器的"检查"功能看一下访问拉勾网时所携带的 Cookies 是什么样的，如图 8-10 所示。

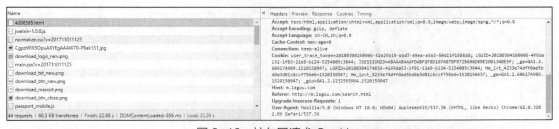

图 8-10　拉勾网请求 Cookies

可以看到 Cookies 中包含类似 user_trace_token、JSESSIONID、LGRID 等字段，应该高度怀疑拉勾网可能是在初次访问时设置了我们的 Cookies，然后通过后续检测 Cookies 是否满足其设置来判断是真正的浏览器还是爬虫在访问。

一般情况下，这种网站是在第一次访问它时设置了用户的浏览器 Cookies。可以将浏览器的浏览记录清空，然后打开 Chrome 浏览器的"检查"功能并访问一个招聘详情页，这时可以在 Network 的第一次请求返回的请求头部中看到图 8-11 所示的内容。

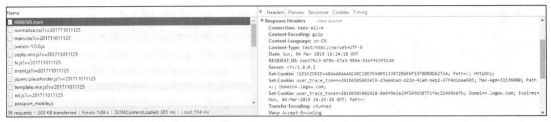

图 8-11　第一次请求返回的请求头部

图 8-11 中很明显有两条 Set-Cookie 的内容，说明网络设置了浏览器的 Cookies。

至此，我们终于明白了拉勾网的反爬虫机制。为了应对使用 Cookies 的反爬虫策略，只需要在 Requests 发起请求时添加一个设置好的 Cookies 即可。复制浏览器中的 Cookies 并使用 5.1 节中定义的 coo_regular 函数将其处理成字典形式。

```
cookies = {
'Hm_lpvt_4233e74dff0ae5bd0a3d81c6ccf756e6': '1520091611',
'Hm_lvt_4233e74dff0ae5bd0a3d81c6ccf756e6': '1520068940',
'JSESSIONID': 'ABAAABAAAFDABFGF2AF5A4E7D491ACE7122117BA6834870',
'LGRID': '20180303234011-28a03f14-1ef9-11e8-b124-5254005c3644',
'LGSID': '20180303221109-b8af9788-1eec-11e8-b123-5254005c3644',
'LGUID': '20180131180750-97ff8f94-066e-11e8-a33c-525400f775ce',
'X_HTTP_TOKEN': '735ad785e81a37f88092f59765fd4fff',
'_ga': 'GA1.2.608426115.1517393272',
'_gat': '1',
'_gid': 'GA1.2.207966809.1520068940',
'user_trace_token': '20180131180750-97ff88f9-066e-11e8-a33c-525400f775ce'}
```

然后在发起请求时增加这个 Cookies。

```
response = requests.get(com_url, headers=headers, cookies=cookies)
```

这样改动后，经过测试，爬虫可以正常爬取全部数据了。这种处理方式也不是很完美，虽然可以爬取全部数据，但是 Cookies 会过期，这就要求每隔一段时间，重新获取最新的 Cookies。一种可行的解决方案是，使用 Selenium 驱动 headless Chrome 浏览器打开一次拉勾网，然后使用 webdrive 的 get_cookies 方法获取 Cookies 数据，从中提取出 JSESSIONID、user_trace_token、LGRID、LGSID、LGUID 等重要数据，最后构造一个可用的 Cookies，交给 Requests 使用。

8.4 本章小结及要求

本章主要通过实例讲解应对反爬虫的方法。读者要重点学会对返回 json 数据的处理，了解和学习使用 Cookies 应对反爬虫的技巧。读者在遭遇反爬虫的时候，可以参考本章的思路，不断探索分析，找到网站的反爬虫机制，从而有针对性地应对服务器反爬虫。

本章要求读者爬取 36 氪 "7×24h 快讯" 页面的最新 50 篇文章。36 氪 "7×24h 快讯" 页面是一个典型的动态页面，通过仔细分析，读者会发现它加载更多文章，返回的是 json 类型的数据，读者可以综合运用前面学习的知识，下载保存这些文章。

第 9 章

Scrapy 爬虫框架基础

9.1　Scrapy 爬虫框架简介与安装

Scrapy 爬虫框架
简介与安装

9.1.1　Scrapy 爬虫框架简介

　　前面讲解了 Requests 这个编写爬虫时会用到的库，可以发现，无论是待爬取的队列、保存爬取内容还是实现多线程等，都需要自己写代码来实现，而所谓爬虫框架，就像一个半成品的爬虫，它已经为我们实现了工作队列、下载器、保存处理数据的逻辑，以及日志、异常处理等功能。对使用爬虫框架而言，我们更多的工作是配置这个爬虫框架，针对具体要爬取的网站，只需编写这个网站爬取的规则，而诸如多线程下载、异常处理等，全部交给框架来实现。

　　从上面的介绍可以看出，爬虫框架比 Requests 库复杂、庞大，毕竟它实现的功能比 Requests 库多很多。爬虫框架在被配置好后就可以很顺畅地根据配置去爬取，还会自动处理很多东西，而且效率往往比人们自己为 Requests 添加同样功能的效率高。因此，使用爬虫框架能大大简化人们编写爬虫的工作量，并且能提高爬虫运行的效率。

　　Scrapy 爬虫框架是 Python 中最著名、最受欢迎、社区最活跃的爬虫框架。它是一个相对成熟的框架，有着丰富的文档和开放的社区交流空间。Scrapy 爬虫框架是人们为了爬取网站数据、提取结构性数据而编写的，可以应用在包括数据挖掘、信息处理或存储历史数据等一系列的程序中。其最初是为了网络抓取所设计的，也可以应用在获取 API 所返回的数据或者编写通用的网络爬虫。本书的下半部分就着重讲解 Scrapy 爬虫框架的使用技巧。

9.1.2　Scrapy 爬虫框架的安装

　　在 Linux 和 Mac 上安装 Scrapy 爬虫框架相对简单，只要在命令行模式下使用 pip 来安装即可。

```
>pip install scrapy
```

使用 pip 安装会自动安装 Scrapy 爬虫框架依赖的各种包，如果安装速度慢，读者可以使用豆瓣源安装。

```
>pip install scrapy -i https://pypi.douban.com/simple/
```

这样就使用了豆瓣为人们在国内提供的源来安装，下载速度非常快，读者以后在安装其他的大型 Python 包时，也可以试试用豆瓣源安装。

下面着重介绍一下在 Windows 平台上安装 Scrapy 爬虫框架。在 Windows 上使用 pip 安装 Scrapy 爬虫框架可能会出现错误，最常见的 3 个错误及解决办法如下。

1. 提示 error: unable to find vcvarsall.bat

这是使用 pip 在 Windows 平台上安装时最常见的错误。这个错误主要由在 Windows 平台上安装 Twisted 这个库产生的错误引起，Twisted 是事件驱动异步框架，Scrapy 使用 Twisted 作为框架实现异步 IO。针对这个错误，可以先安装 Twisted。首先下载与计算机操作系统的位数、Python 版本相对应的二进制 whl 安装包，如图 9-1 所示。

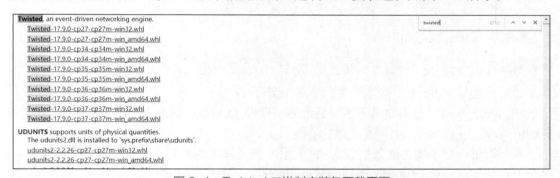

图 9-1　Twisted 二进制安装包下载页面

要下载与操作系统的位数、Python 版本对应版本的安装包，如使用的计算机是 64 位的 Windows 系统，Python 版本是 3.6.3，可以单击下载 Twisted-17.9.0-cp36-cp36m-win_amd64.whl 这个安装包。下载好后在命令行模式下执行。

```
>pip install
C:\Users\riyue\Downloads\Twisted-17.5.0-cp36-cp36m-win_amd64.whl
```

注意 pip install 后面要填写下载的 whl 安装包的绝对路径，这里是放在了 C 盘用户文件夹下的 Downloads 文件夹里。这样安装好了 Twisted 之后，再重新执行如下命令，就可以直接在 Windows 平台上安装 Scrapy 爬虫框架了。

```
>pip install scrapy
```

2. 提示安装 Lxml 错误

这个错误很明显是由未能成功安装 Lxml 引起的，因此找到与计算机操作系统的位数、Python 版本对应的 wheel 安装包，然后运行如下命令安装。

```
>pip install
C:\Users\riyue\Downloads\lxml-3.6.0-cp36-cp36m-win_amd64.whl
```

最后，重新执行如下命令，即可成功安装 Scrapy 爬虫框架。

```
>pip install scrapy
```

3. 提示 TypeError: parse() got an unexpected keyword argument 'transport_encoding'

这个错误经常出现在安装了 Anaconda 版本的 Python 中，解决办法是输入命令>conda install -c anaconda html5lib，会看到一系列更新的结果，然后再次使用 pip 安装，就可以成功安装了。

安装完成后，执行如下命令。

```
>scrapy version
```

如果成功显示 Scrapy 版本，就代表安装好了。

在 Windows 平台上如果还遇到其他的错误提示，读者可以尝试按照错误提示安装对应的依赖库，完成 Scrapy 爬虫框架的安装。

本节简单介绍了爬虫框架的概念和 Scrapy 爬虫框架的安装，特别提示了在 Windows 平台上安装 Scrapy 爬虫框架遇到的常见问题的解决办法，读者以后在安装其他包遇到困难时，也可以下载对应的二进制 wheel 安装包来安装，非常方便。

9.2　Scrapy 目录结构和简单爬虫实例

9.2.1　Scrapy 目录结构

本节用例子来介绍 Scrapy 目录结构，讲解 Scrapy 的用法。现在假设要使用 Scrapy

爬取百度首页右上角的栏目名称和其 URL。首先从命令行进入准备放置爬虫项目的目录。例如，爬虫项目准备放在 D 盘 sp 这个文件夹下，进入命令行，输入 D:并按回车键，然后输入 cd sp 并按回车键，进入 sp 这个文件夹，如图 9-2 所示。

图 9-2　进入放置爬虫项目的目录

现在可以使用下面的命令创建第一个 Scrapy 项目，如图 9-3 所示。

```
>scrapy startproject pachong1
```

```
D:\sp>scrapy startproject pachong1
New Scrapy project 'pachong1', using template directory 'c:\\users\\7\\anaconda3
\\lib\\site-packages\\scrapy\\templates\\project', created in:
    D:\sp\pachong1

You can start your first spider with:
    cd pachong1
    scrapy genspider example example.com

D:\sp>
```

图 9-3　创建 Scrapy 项目

这个命令就在 sp 文件夹下创建了一个名为 pachong1 的 Scrapy 爬虫项目。它的目录结构如下。

```
pachong1/
    scrapy.cfg
    pachong1/
        __init__.py
        items.py
        middlewares.py
        pipelines.py
        settings.py
        spiders/
            __init__.py
```

（1）scrapy.cfg 是项目的配置文件，一般不用设置。scrapy.cfg 所在的目录就是项目的根目录。

（2）items.py 文件是保存爬取到数据的容器。要爬取什么数据，就要在这里面定义。

（3）pipelines.py 处理已经爬取到的数据。例如，要把爬取的 item 去重或者保存到数据库，就要在这个文件里面定义。

（4）middlewares.py 是中间件文件，主要用来对所有发出的请求、收到的响应或者 spider 做全局性的自定义设置，后面章节会有专门的介绍。

（5）settings.py 是 Scrapy 爬虫框架的设置文件。

（6）spiders 文件夹用于存放编写的爬虫代码，也就是说，爬虫主要逻辑就是在这里面定义的，可以在这个文件夹里定义多个爬虫，目前这个文件夹里面还没有爬虫文件，因为还没有生成或编写爬虫文件。

刚才使用 scrapy startproject pachong1 生成了爬虫项目，可以看到命令行有如下提示。

```
cd pachong1
scrapy genspider example example.com
```

这个提示告诉我们使用 Scrapy 的模板生成爬虫文件的方法，按照提示执行生成爬虫文件的这两条命令。

```
>cd pachong1                              #进入项目目录
>scrapy genspider baidu baidu.com  #生成爬虫文件
```

上面的两条命令在项目的 spiders 文件夹下面生成了一个名称为 baidu.py 的爬虫文件。scrapy genspider baidu baidu.com 这条生成爬虫文件的命令中，baidu 是为这个爬虫起的名字，baidu.com 是这个爬虫要爬取的网址。

用 Notepad++编辑器打开 baidu.py 文件，将看到如下代码。

```
import scrapy


class BaiduSpider(scrapy.Spider):
    name='baidu'
    allowed_domains=['baidu.com']
    start_urls=['http://baidu.com/']


    def parse(self, response):
        pass
```

　　第一行引入 Scrapy，然后定义一个 BaiduSpider 的类，这个类继承自 scrapy.Spider 这个类。name 属性定义的是爬虫的名字，也就是刚才生成爬虫文件命令中的爬虫名字 baidu。在一个爬虫项目中，可以定义多个爬虫，但爬虫的 name 必须是唯一的。allowed_domains 定义过滤爬取的域名，不在此允许范围内的域名会被过滤而不会进行爬取。start_urls 定义爬虫启动时默认爬取的网址，在通常情况下，爬虫默认从 start_urls 开始爬取。

　　最后定义了一个 parse 方法，这个方法使用 Scrapy 爬取 start_urls 后得到的响应（response）作为参数。这个方法就是解析爬取到网页的方法，在这里可以定义如何解析爬取到的网页，从 response 中提取出需要的信息。

　　以上逐行介绍了 Scrapy 爬虫框架生成的爬虫文件模板，可以在这个模板基础上增加具体的提取规则、解析方法等。

9.2.2　百度爬虫实现

实战-爬虫编写-爬
取百度首页

　　前面已经把百度爬虫文件生成好了，下面具体编写百度爬虫。

　　第一步，定义要爬取的数据。item.py 是用于定义爬取数据的容器，它定义要爬取哪些字段的数据。打开 items.py 文件，能看到 Scrapy 爬虫框架默认生成了如下代码。

```
class Pachong1Item(scrapy.Item):
    #define the fields for your item here like:
    #name = scrapy.Field()
    pass
```

　　这是项目创建时自动生成的代码，它给了人们很好的提示，也就是使用类似 name = scrapy.Field() 来定义要提取的字段，非常简洁。这里提取两个字段，一个是栏目（tilte），另一个是栏目对应的 URL。把代码改成如下的形式。

```
import scrapy


class Pachong1Item(scrapy.Item):
    title = scrapy.Field()
    url = scrapy.Field()
```

　　这里按照项目生成的 item 默认模板定义了一个继承自 scrapy.Item 的 Pachong1Item 类，然后定义了两个要提取的字段——title 和 url。

　　第二步，编写爬虫文件。打开 spiders 文件夹下的 baidu.py 爬虫文件，这个文件中已经生成了 BaiduSpider 这个爬虫类，start_urls 正是要爬取的百度首页，Scrapy 启动后默认会从 start_urls 开始爬取，然后把得到的响应（response）传递给 parse 解析方法。因此，可以直接在 parse 方法中编写百度首页的解析规则，提取数据到 item 及生成要进一步处理的 URL。这里仅需提取出需要的栏目名称和 URL 即可。下面简单看一下 Scrapy 爬虫框架如何提取数据、解析网页。

9.2.3　Scrapy 选择器

Scrapy 爬虫框架在 Lxml 库基础上构建了提取数据的一套机制，它们被称作选择器（seletors），因为它们通过特定的 XPath 或者 CSS 表达式来"选择"HTML 文件中的某个部分。Scrapy 选择器在速度和解析准确性上与 Lxml 库非常相似。

通过前面章节的学习，读者对 XPath 语法已经有比较深入的了解，同时由于 XPath 提供了比 CSS 选择器更强大的功能，因此在后面需要提取数据时，推荐继续使用 XPath 语法。

具体如何使用选择器呢？

Scrapy 爬虫框架提供了选择器的快捷方式——response.xpath()及 response.css()，让用户可以直接使用选择器，本书主要使用 response.xpath()这个选择器，其参数就是 XPath 路径。例如要提取出百度首页"新闻"栏目的名称，可以在 parse 方法中编写以下代码。

```python
#首先导入前面定义好的 Pachong1Item 类
from pachong1.items import Pachong1Item


def parse(self, response):
    item = Pachong1Item()          #初始化 Item 类
    item['title'] = response.xpath(
                    '//*[@id="u1"]/a[1]/text()').extract()[0]
```

上面的代码首先把定义好数据字段的 items 类导进来，然后使用 item = Pachong1Item()初始化这个 items 数据容器，items 数据容器的使用语法类似 Python 字典，这里为其增加了 title 这个键和对应提取出来的值。请注意，Scrapy 爬虫框架为了提取真实的原文数据，需要调用 extract()方法序列化提取节点为 unicode 字符串，这样提取出来的是全部匹配元素的列表。如果要提取第一个匹配到的元素，既可以使用代码中写的列表切片方法，也可以调用 extract_first()提取。下面继续提取对应的 URL。

```python
item['url'] = response.xpath(
              '//*[@id="u1"]/a[1]/@href').extract_first()
```

这里使用了 extract_first()提取第一个数据，这种方法比前面提取 title 所使用的 extract()[0]方法更好，因为如果没有匹配的元素，extract_first 方法会返回 None，而 extract()[0]则会直接报错。为了让读者看到提取的结果，下面把提取的数据打印出来。

```
print(item['title'])
print(item['url'])
```

最后返回 item。

```
return item
```

这里暂时不对提取的数据做保存或其他操作，至此百度 Scrapy 爬虫框架就编写完成了。在命令行中定位到项目根目录下，使用如下命令运行这个爬虫。

```
>scrapy crawl baidu
```

这样就运行了 Scrapy 百度爬虫，但是读者可能没有在屏幕上看到打印结果，而是发现类似 Forbidden by robots.txt 这样的提示，如图 9-4 所示。

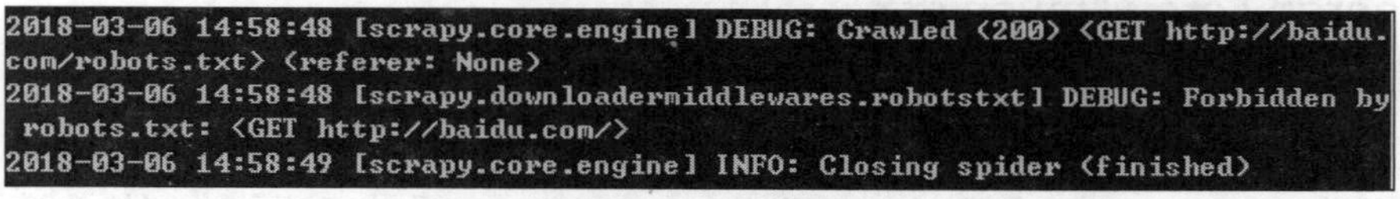

```
2018-03-06 14:58:48 [scrapy.core.engine] DEBUG: Crawled (200) <GET http://baidu.com/robots.txt> (referer: None)
2018-03-06 14:58:48 [scrapy.downloadermiddlewares.robotstxt] DEBUG: Forbidden by robots.txt: <GET http://baidu.com/>
2018-03-06 14:58:49 [scrapy.core.engine] INFO: Closing spider (finished)
```

图 9-4　运行提示

这是因为新版本的 Scrapy 爬虫框架默认遵守 robots 协议，而百度的 robots 协议不允许爬取其首页。这时可以打开 settings.py，设置 Scrapy 爬虫框架的 ROBOTSTXT_OBEY 为 False 并保存，然后再次运行。

```
>scrapy crawl baidu
```

如果顺利，读者会在日志信息的中间位置看到打印出的爬取结果，如图 9-5 所示。

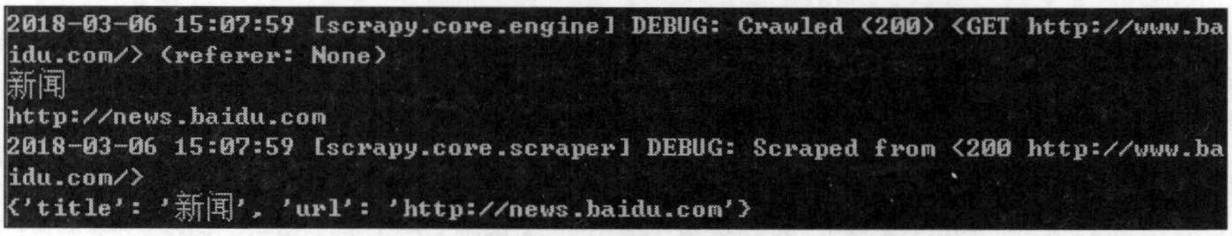

```
2018-03-06 15:07:59 [scrapy.core.engine] DEBUG: Crawled (200) <GET http://www.baidu.com/> (referer: None)
新闻
http://news.baidu.com
2018-03-06 15:07:59 [scrapy.core.scraper] DEBUG: Scraped from <200 http://www.baidu.com/>
{'title': '新闻', 'url': 'http://news.baidu.com'}
```

图 9-5　Scrapy 爬虫框架运行结果

这一节从爬取百度首页这个例子入手，讲解了 Scrapy 目录结构、数据容器 items、选择器及小型爬虫的编写方法。通过这个小例子，读者应该初步学习到使用 Scrapy 爬虫框架编写爬虫的方法。后面的章节将详细讲解 Scrapy 爬虫框架的技术细节。

9.3　Scrapy 命令行工具、选择器、数据容器

9.3.1　Scrapy 常用命令行工具

Scrapy 常用命令

1. scrapy startproject myproject

这条命令用来创建一个 Scrapy 爬虫项目，myproject 代表项目名称。

2. scrapy genspider mydomain mydomain.com

这条命令在项目中使用 BasicSpider 模板生成一个爬虫文件，所以此命令需要在项目目录中运行。

3. scrapy crawl myspider

在项目中启动爬虫命令，myspider 代表爬虫名称。

以上 3 个命令上一节都使用过了。Scrapy 还有几个经常使用的命令行工具，可以在命令行中运行 scrapy –h，查看所有可用的命令，Scrapy 提供了两种类型的命令，一种必须在 Scrapy 项目中运行，另一种属于全局命令，不需要项目。读者学习使用命令行工具时，要注意其是否需要项目。下面简单介绍最常用的其他几个命令行工具。

4. scrapy shell [url]

这条命令是全局命令。以给定的 URL（如果给出）或者空（没有给出 URL）启动 Scrapy shell。这个命令经常用来在交互模式下检查 XPath 语法提取数据是否正确，例如执行如下命令，就启动了 Python 交互模式。如果安装了 IPython，默认进入 IPython 交互界面，如图 9-6 所示。

```
>scrapy shell https://www.baidu.com/
```

图 9-6 显示了运行这条命令后的交互终端界面。可以看到 Scrapy 已经准备好了许多可用的 Scrapy 对象，如请求对象 request，返回响应对象 response 等，因此可以在 response 上直接使用 XPath 语法，查看解析结果。

```
In[1]: response.xpath('//*[@id="u1"]/a[1]/text()').extract()
['新闻']
```

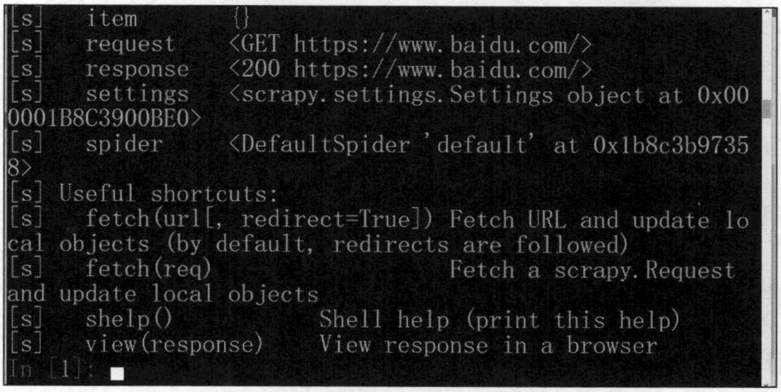

```
[s]   item        {}
[s]   request     <GET https://www.baidu.com/>
[s]   response    <200 https://www.baidu.com/>
[s]   settings    <scrapy.settings.Settings object at 0x00
0001B8C3900BE0>
[s]   spider      <DefaultSpider 'default' at 0x1b8c3b9735
8>
[s] Useful shortcuts:
[s]   fetch(url[, redirect=True]) Fetch URL and update lo
cal objects (by default, redirects are followed)
[s]   fetch(req)                  Fetch a scrapy.Request
and update local objects
[s]   shelp()           Shell help (print this help)
[s]   view(response)    View response in a browser
In [1]:
```

图 9-6　交互界面

可以看到系统正确地返回了所要提取的信息。注意 IPython 解析器提示符为类似 In[1]:这样的运行序号。

5. scrapy view [url]

这条命令是全局命令。它会在浏览器中打开给定的 URL，并以 Scrapy spider 获取到的形式展现。有些时候 spider 获取到的页面和普通用户看到的并不相同。因此该命令可以用来检查 spider 所获取到的页面，并确认这是用户所期望的。

例如执行如下命令，可以看到 spider 下载的网页，与原来的网页看上去基本相同。

```
>scrapy view https://www.baidu.com/
```

6. scrapy list

这条命令需要在项目中运行，它会列出当前项目中所有可用的 spider（每行输出一个 spider）。运行这条命令还可以帮助用户检查错误，因为它可以提示 spider 的语法错误。例如在 pachong1 项目中执行这个命令，结果显示 pachong1 项目中只有 baidu 这一个爬虫，如图 9-7 所示。

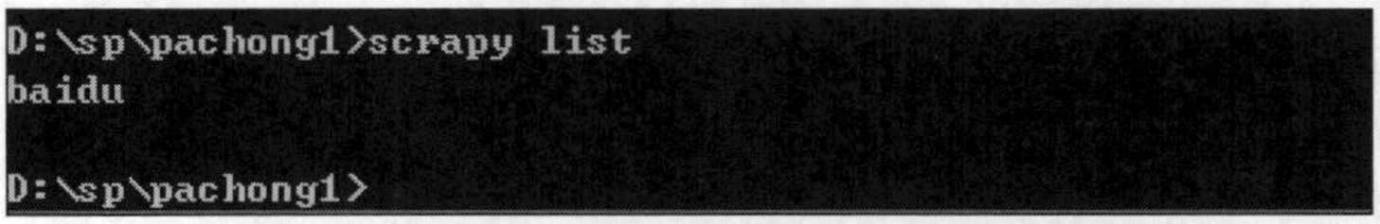

```
D:\sp\pachong1>scrapy list
baidu

D:\sp\pachong1>
```

图 9-7　scrapy list 显示项目中的爬虫

7. scrapy parse <url> [options]

这条命令需要在项目中运行，它获取给定的 URL 并使用相应的 spider 分析处理。如果我们提供 callback 选项，则使用 spider 的对应方法处理，否则使用 parse 解析。这条命令也可以帮助人们检查解析函数是否正确。

　　以上就是比较常用 Scrapy 命令行工具，Scrapy 还有很多其他的命令行工具，读者可以关注 Scrapy 文档。

9.3.2 Scrapy 选择器高级应用

　　上一节简单讲解了 Scrapy 选择器的用法，下面再看一下 Scrapy 选择器的其他用法。

1. 嵌套选择器

　　选择器方法（.xpath()或.css()）返回相同类型的选择器列表，因此可以对这些选择器继续调用选择器方法。还是用爬取百度首页作为例子，在命令行中执行如下命令。

```
>scrapy shell https://www.baidu.com/
```

系统进入交互界面，然后运行如下代码。

```
In[1]: title_list = response.xpath('//*[@id="u1"]/a')
```

　　这行代码帮我们获得了百度页面右上角的栏目列表代码。对这个代码迭代，继续执行 XPath，提取栏目名称。

```
In[2]: for sel in title_list:
           title = sel.xpath('text()').extract_first()
           print(title)
新闻
hao123
地图
视频
贴吧
更多产品
```

　　读者应该注意，在 for 循环里的 XPath 路径要填写相对路径。也可以用下面的形式（其中的./代表当前路径）。

```
In[3]: title = sel.xpath('./text()').extract_first()
```

2. 结合正则表达式使用选择器

　　Scrapy 的选择器有一个 re()方法，用来通过正则表达式提取数据。不同于使用 xpath()或者 css()方法，re()方法返回 unicode 字符串的列表。因此，无法构造嵌套式的 re()调用。

还是用上面百度的例子，现在想提取"新闻"栏目网址中的英文名称，可编写如下
代码。

```
In[4]: response.xpath(
        '//*[@id="u1"]/a[1]/@href').re(r'http://(.*).baidu.com')
['news']
```

另外还有一个糅合了 extract_first() 与 re() 的函数 re_first()。使用该函数可以提取第
一个匹配到的字符串。

```
In[5]: response.xpath(
        '//*[@id="u1"]/a[1]/@href').re_first(r'http://(.*).baidu.com')
'news'
```

9.3.3　Scrapy 数据容器

为了方便存储结构性数据，Scrapy 提供了 Item 类。Item 对象是一种简单的容器，
保存了爬取到的数据。其提供了类似于字典（dictionary-like）的 API，以及用于声明可
用字段的简单语法。

许多 Scrapy 组件使用了 Item 提供的额外信息，将数据导出的 exporter 类根据 Item
声明的字段来导出数据，序列化可以通过 Item 字段的元数据（metadata）来定义等，因
此在编写爬虫时，首先要声明 Item。

1. 声明 Item

正如上一节百度爬虫例子中演示的那样，Item 使用简单的 class 定义语法及 Field 对
象来声明，示例如下。

```
import scrapy
class Product(scrapy.Item):
    name = scrapy.Field()
    price = scrapy.Field()
    stock = scrapy.Field()
    last_updated = scrapy.Field(serializer=str)
```

2. Item 字段

Field 对象指明了每个字段的元数据（metadata），例如上面的例子中，last_updated
中指明了该字段的序列化函数。Item 的 API 和 dict API 非常相似，使用起来就像

Python 字典。

（1）创建 item

```
>>>product = Product()        #初始化
>>>product['name'] = 'Desktop PC' #添加 name 字段
>>>product['price'] = 1000           #添加 price 字段
>>>print(product)
{'name': 'Desktop PC', 'price': 1000}
```

（2）获取字段的值

```
>>>product['name']
Desktop PC
>>>product.get('name')     #使用 GET 方法获取 Desktop PC
Desktop PC
>>>product['price']
1000
```

（3）获取不存在的 key 会报错

```
>>>product['last_updated']
Traceback (most recent call last): KeyError: 'last_updated'
```

（4）可以使用类似字典的 GET 方法，避免报错

```
>>>product.get('last_updated', 'not set')
not set
```

（5）根据 item 创建字典（dict）

```
>>>dict(product)
{'price': 1000, 'name': 'Desktop PC'}
```

9.4 本章小结及要求

本章简单介绍了爬虫框架的概念、Scrapy 爬虫框架的安装、Scrapy 爬虫目录，并使用 Scrapy 爬虫框架编写了一个简单的爬虫，最后还介绍了 Scrapy 的常用命令行工具，深入地讲解了 Scrapy 选择器和 Item 的使用方法，这些内容参考了 Scrapy 官方文档，都是编写爬虫过程中经常使用的基础知识。

本章要求读者安装好 Scrapy 爬虫框架，并熟悉 Scrapy 的常用命令行工具，学会定义爬虫数据容器 Item 及使用 Scrapy 选择器。

第 10 章

BasicSpider 类和图片下载

10.1 BasicSpider 类

10.1.1 Scrapy 的爬虫类和模板

这一节来看 Scrapy 爬虫项目中最关键的文件，也就是项目 spider 文件夹中的爬虫文件。9.2 节曾经使用 scrapy genspider baidu baidu.com 这条命令来生成 spider 爬虫文件，可以看到，默认生成的爬虫类继承自 scrapy.Spider 类，这个类是 Scrapy 爬虫框架提供的最基础的爬虫类。

Scrapy 的爬虫类定义了如何爬取某个网站，也就是说 spider 文件夹中的爬虫文件是定义爬取的动作及分析某个网页（或者某些网页）的地方。Scrapy 为不同的爬取需求提供了多种不同的爬虫类，分别对应不同的爬虫模板。可以在命令行中查看 Scrapy 为用户提供了哪些爬虫模板。

先生成项目，并进入项目根目录。

```
>scrapy startproject pachong
>cd pachong
```

然后运行以下代码。

```
>scrapy genspider -l
Available templates:
  basic
  crawl
  csvfeed
  xmlfeed
```

可以看到 Scrapy 为用户提供了 4 种可用的爬虫模板，分别代表 4 种不同的爬虫类，下面简单介绍一下。

（1）BasicSpider 类。这是最简单的爬虫类，在生成模板时，系统默认使用 BasicSpider 类生成了基础爬虫模板，每个其他的爬虫类都必须继承自该类。

（2）CrawlSpider 类。这是爬取一般网站常用的爬虫类。其定义了一些规则（rule），方便用户跟进某种类型的链接。用户可以在命令行中指定使用 crawl 模板来生成基于 CrawlSpider 类的爬虫。

```
>scrapy genspider -t crawl sina sina.com.cn
```

这样就使用 crawl 模板生成了继承自 CrawlSpider 类的新浪网爬虫文件。

（3）CSVFeedSpider 类。该爬虫类除了按行遍历而不是节点之外，其他和 XMLFeedSpider 十分类似。

（4）XMLFeedSpider 类。这是一个设计用于通过迭代各个节点来分析 XML 源（XML feed）的爬虫类。

在 Scrapy 提供的 4 种爬虫类中，BasicSpider 类和 CrawlSpider 类是最常用的爬虫类，将分别在本章和下一章中着重介绍。

10.1.2　BasicSpider 类简介

BasicSpider 类就是 scrapy.Spider 类，是最基本的爬虫类，每个其他的爬虫类必须继承自该类。scrapy.Spider 并没有提供什么特殊的功能，其仅仅提供了 start_requests() 的默认实现，也就是读取并请求 spider 属性中的 start_urls，并将返回的结果调用 spider 的 parse 方法解析。

9.2 节百度爬虫实例并没有定义请求动作去请求百度首页，而是直接在 parse 方法中定义解析规则，这就是因为这个爬虫继承自 scrapy.Spider 类，这个类已经默认实现了 start_requests() 方法，这个方法帮助我们读取并请求了 spider 属性中的 start_urls，并把返回的结果（response）传给了 parse 方法。

通过前面的介绍，读者现在应该知道，当启动 Scrapy 爬虫时，爬虫会直接爬取 start_urls 中的网址。如果在登录的情况下才能正常爬取网站，用户是不希望爬虫在启动时直接爬取 start_urls 中的网址的，这个时候可以重写 start_requests 方法，在这个方法中先登录网站，示例如下。

```
class ExampleSpider(scrapy.Spider):
    name = 'examplespider'
    #重写 start_requests 方法，使用 scrapy.FormRequest（本书后面会介绍）
    #登录网站，设置回调函数为 logged_in
```

```
    def start_requests(self):
        return [scrapy.FormRequest("http://www.example.com/login",
                formdata={'user': 'someone', 'pass': 'secret'},
                callback=self.logged_in)]
    #定义回调函数 logged_in，解析登录后的网页
    def logged_in(self, response):
        pass
```

这里提到了回调函数。所谓回调函数，就是在用户发起请求的时候，指定用来执行后续解析的函数。在 Scrapy 的请求方法中，我们使用 callback 指定回调函数，callback 的值既可以是字符串形式的回调函数名称，也可以直接使用对象方法名称。如果没有指定回调函数，系统默认使用 parse 方法解析返回的响应（response）。

上面的代码中指定了 scrapy.FormRequest 的回调函数为 logged_in 方法，这样在执行了 scrapy.FormRequest 请求后，系统会将返回的 response 传入 logged_in 方法进行解析。

还有一点需要解释一下：读者应该注意到上面的代码中，start_requests()方法返回的是一个 list，这是因为 start_requests()方法必须返回一个可迭代的对象（如列表等）。当然了，由于 start_requests()方法仅在爬虫开始运行时执行一次，也可以构造为生成器，使用 yield 返回。

下节将用爬取我爱我家二手房房源数据的例子来演示使用 scrapy.Spider 类编写爬虫的方法。

10.2 爬取我爱我家二手房房源数据

实战-爬取我爱
我家二手房房源数据

10.2.1 我爱我家网站分析

为了简单，这里仅爬取我爱我家二手房房源的房产标题、总价及房源所属经纪人这 3 项。打开我爱我家二手房房源页面，分析一下页面特点。

图 10-1 展示了房源标题和总价，但是没有经纪人信息，单击进入房源详情页，如图 10-2 所示。

图 10-1　我爱我家二手房房源列表

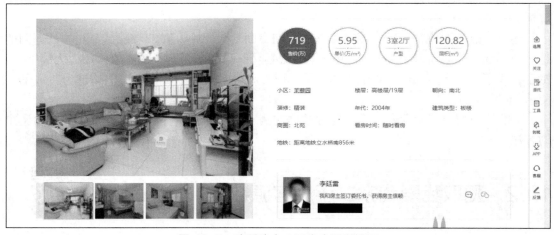

图 10-2　我爱我家二手房房源详情页

　　原来经纪人信息在房源详情页。可以从房源列表页面提取标题和总价信息，然后在详情页提取经纪人信息。再来看一下房源列表页如何翻页。单击页面底部的第 2 页，网址变为 https://bj.5i5j.com/ershoufang/n2/。

　　很显然，URL 最后的数字代表页数，可以随便换成某页验证一下，也可以验证 https://bj.5i5j.com/ershoufang/n1/就是第一页，这样就找到了网址的规律。为了实现翻页，在 Scrapy 中有两种思路。

　　（1）直接在 start_urls 中构造网址，毕竟已经找到了 URL 构造规律。

　　（2）从当前爬取页面中提取下一页的 URL，从而实现翻页爬取。

这里使用第一种方法构造网址列表，实现翻页。

10.2.2　我爱我家爬虫项目实现

下面开始编写代码实现我爱我家爬虫。

第一步，生成项目和爬虫文件。在命令行中执行如下命令生成爬虫项目。

```
>scrapy startproject pachong2
```

然后进入 pachong2 目录，并使用默认模板生成 spider 爬虫文件。

```
>cd pachong2
>scrapy genspider woaiwojia bj.5i5j.com
```

这样就生成了爬虫项目 pachong2，并使用 BasicSpider 模板生成了爬虫文件 woaiwojia.py。

第二步，定义 Item。打开 items.py 定义要爬取的数据。

```
import scrapy


class Pachong2Item(scrapy.Item):
    apartment = scrapy.Field()
    total_price = scrapy.Field()
    agent = scrapy.Field()
```

这里准备爬取 3 项数据——apartment、total_price、agent，可以看到定义 Item 非常简单。

第三步，编写 spider 文件。打开生成的爬虫文件 woaiwojia.py。

1. 引入 Scrapy 和定义好的 Item

```
import scrapy
from pachong2.items import Pachong2Item
```

2. 用列表推导式生成 start_urls

直接用列表推导式生成准备爬取的 URL 列表。例如这次要爬取前 10 页的房源数据。

```
class WoaiwojiaSpider(scrapy.Spider):
    name='woaiwojia'
```

```
allowed_domains=['bj.5i5j.com']
start_urls = ['http://bj.5i5j.com/ershoufang/n'
                + str(x) + '/' for x in range(1,11)]
```

代码中爬虫类及其中的 name 和 allowed_domains，都是模板自动生成的。

3. 定义房源列表页解析方法

Scrapy 请求 start_urls 得到的 response 作为唯一参数，传给了解析函数 parse。在 parse 函数里面，使用嵌套解析，先解析出每套房源代码段，然后从每一代码段中解析每一套房源的数据并写入到 Item 里。这里需要注意如下 3 点。

（1）为了爬取经纪人信息，要解析出房源详情页 URL，然后使用 scrapy.Request 方法继续请求这个 URL，并使用 callback 参数指定回调函数为 parse_detail。scrapy.Request 这个方法主要用来发起 HTTP 请求、获取响应（response），它的第一个参数是请求的 URL，其他常用参数如下。

method：用于指定请求方法，默认为 GET。

headers：指定请求头部，优先级高于 Scrapy 默认的请求头部。

cookies：指定请求发送的 cookies。

meta：request 的 meta 属性，常用于在解析函数之间传递数据。

callback：指定回调函数。

（2）解析出来的 URL 是不完整的相对路径 URL，应使用 response.urljoin 方法构造绝对路径 URL。response.urljoin 方法能将相对网址转换为绝对网址，它会自动提取出当前页面 URL 的主域名，将相对路径 URL 构造成绝对路径 URL。

（3）parse 函数的 Item 里已经保存了从列表页面爬取到的部分数据，因此需要使用 meta 参数在两个解析函数之间传递 Item 数据。

```
def parse(self, response):
    #提取房源列表数据
    house_list = response.xpath('//*[@class="pList"]/li')
    for house in house_list:
        item = Pachong2Item()    #初始化 Item
        item['apartment'] = house.xpath(
            'div[2]/h3/a/text()').extract_first()
        item['total_price'] = house.xpath(
            'div[2]/div[1]/div/p[1]/strong/text()').extract_first()
        #解析并构造详情页 URL
```

```
        detail_url = response.urljoin(house.xpath(
            'div[2]/h3/a/@href').extract_first())
#继续请求详情页 URL，使用 meta 传递已经爬取到的部分数据
#使用 callback 指定回调函数
yield scrapy.Request(detail_url, meta={'item':item},
                    callback=self.parse_detail)
```

4．定义解析房源详情页面的 parse_detail 函数

```
def parse_detail(self, response):
    item = response.meta['item']        #接收传递过来的数据
    #继续向 Item 添加经纪人信息
    item['agent'] = response.xpath(
        '//*[@class="daikansty"]/ul/li[2] /h3/a/text()').extract_first()
    yield item      #最后返回 Item
```

这段代码首先使用 response.meta['item'] 接收传递过来的 Item 数据，然后继续向 Item 添加经纪人信息，最后返回 Item。读者应该能注意到，meta 在传递过来的时候是 request 的一个属性，在接收函数这里，response.meta 实质上是 response.request.meta 的快捷方式。

10.2.3　数据的快捷输出

前面我爱我家爬虫代码已经写好了，我们希望能够将爬取到的数据保存下来，以便后续使用。Scrapy 爬虫框架实现了数据的快捷输出——Feed 输出，它支持多种序列化格式。Scrapy 快捷输出支持的类型有 json、json lines、csv、xml。

例如，现在要启动我爱我家爬虫，并希望保存为 csv 格式，可以在命令行我爱我家项目根目录下执行如下命令。

```
>scrapy crawl woaiwojia -o wawj.csv
```

这里 -o 后面是要保存的文件名，因为要保存为 csv 格式，所以文件名的后缀是 .csv。如果要保存为 json 格式，可执行如下命令。

```
>scrapy crawl woaiwojia -o wawj.json
```

最后提示一点，如果仅仅保存为这几种常见格式，是没有必要配置 pipeline 的，只需

134 Python 网络爬虫实例教程（视频讲解版）

使用本节所讲的快捷保存即可，只有保存到数据库时才需配置 pipeline，第 13 章将讲解如何保存数据到数据库。

本节使用我爱我家这样一个实例演示了使用 BasicSpider 模板编写爬虫的技巧和方法，最后还介绍了数据的快捷保存。在爬取小批量数据时，要经常使用数据的快捷保存。下一节将介绍图片下载和翻页的另一种方法。

10.3 图片下载和翻页的另一种方法

深层网页的爬取

10.3.1 Scrapy 图片下载简介

如果想把我爱我家二手房房源对应经纪人的图片下载下来，就需要首先了解 Scrapy 下载及处理图片的方法。

在爬取项目时，如果同时也想保存对应的图片或者下载文件，Scrapy 提供了一个可重用的 item pipelines，一般称为 Images Pipeline 和 Files Pipeline。

这两种 pipeline 都实现了以下特性：避免重新下载最近已经下载过的数据；指定存储文件路径。

Images Pipeline 还有一些专门处理图片的功能：将所有下载的图片转换成通用的格式（JPEG/RGB）；生成缩略图；检测图像的宽/高，确保它们满足最小限制。

另外，Scrapy 处理图片需要使用 Pillow 这个库来生成缩略图，并将图片归一化为 JPEG/RGB 格式，因此为了使用图片管道，需要安装 Pillow 库。在命令行中使用 pip 安装即可。

```
>pip install pillow
```

下面用我爱我家爬虫实例演示如何用 Scrapy 下载图片。

10.3.2 我爱我家房源图片下载

这里在上节爬虫代码基础上，增加下载我爱我家二手房房源经纪人图片的功能。

第一步，修改 Item，增加图片和 URL 字段。

```
import scrapy
class Pachong2Item(scrapy.Item):
    ...#这里省略之前定义的代码
```

```
image_urls = scrapy.Field()
images=scrapy.Field()
```

第二步，在设置中启用 Images Pipeline。为了启用 Images Pipeline，需要在项目设置文件 settings.py 中添加 ITEM_PIPELINES。对于 Images Pipeline，在项目的 settings.py 文件中添加如下代码。

```
ITEM_PIPELINES = {'scrapy.pipelines.images.ImagesPipeline': 1}
```

第三步，设置存储图片的文件夹。

这里为爬取的图片设置一个有效的文件夹，用来存储下载的图片。如果没有设置，图片下载管道将保持禁用状态。在项目设置文件 settings.py 中添加如下代码。

```
IMAGES_STORE='D:\\pics'
```

这里配置保存图片的位置为 D 盘下的 pics 文件夹。图片存储使用它们 URL 的 SHA1 hash 值作为文件名。

第四步，修改 spider。从解析函数中解析图片 URL 并添加到 Item，这里在上节代码基础上，只需修改解析房源详情页面的 parse_detail 方法，添加解析经纪人图片的 URL。

```
def parse_detail(self, response):
    item = response.meta['item']
    item['agent'] = response.xpath('//*[@class="daikansty"]/ul/li[2]'
                                   '/h3/a/text()').extract_first()
    item['image_urls'] = response.xpath('//*[@class="daikansty"]/ul'
                                        ' /li[1]/a/img/@src').extract()

    yield item
```

请注意，这里 Images Pipeline 用到的是图片的 URL 列表，代码中不需要使用 extract_first()或者列表切片方法。

这样就完成了下载经纪人图片的代码修改。

10.3.3 翻页的另一种方法

上节的翻页是通过在 start_urls 里面直接构造 URL 列表完成的，这一节来看看翻页的另一种方法，就是在 parse 解析函数中解析下一页的 URL，然后再继续请求这个 URL。使用这种翻页方法，start_urls 只需要设置为第一页即可。

```
start_urls = ['http://bj.5i5j.com/exchange/n1']
```

下面打开我爱我家二手房房源列表第一页，拉右侧滚动条到翻页位置（见图 10-3），
分析一下如何获取下一页的 URL。

图 10-3　我爱我家二手房房源列表第一页

这里的"下一页"按钮指向的 URL 正是第二页的 URL，可以提取"下一页"这个元
素指向的 URL，然后继续请求这个 URL，以完成翻页。假如翻到最后一页，页面里没有
"下一页"这个元素，返回值就是 None，为了让爬虫能够停止请求，只需在请求下一页
URL 之前做一个判断，只要下一页 URL 不为 None 值，就可以继续请求翻页。

这里仅需修改 parse 函数，其他代码与上节完全相同，不再重复演示。在 parse 函数
后面增加 3 行代码，实现解析下页 URL，判断其是否为 None，不为 None 的情况下请求
这个 URL。

```
def parse(self, response):
    ...
    yield scrapy.Request(detail_url, meta={'item':item},
                        callback=self.parse_detail)
    #增加下面 3 行代码，解析下一页的 URL
    next_url = response.xpath(
            '//div[@class="pageSty rf"]/a[1]/@href').extract_first()
    if next_url:      #如果有下一页
        next_url = response.urljoin(next_url)
        #使用 callback 指定 parse 为回调函数
        yield scrapy.Request(next_url, callback=self.parse)
```

看到这里使用了两次 yield，第一次 yield 请求详情页并设置 parse_detail 为解析函
数；第二次 yield 请求列表页下一页的 URL，并设置 parse 函数为回调函数，也就是说请

求下一个列表页后继续使用 parse 函数来解析。对于解析 next_url，这里使用了 extract_first()这个序列化的方法，这样如果没有下一页，就会返回 None 值，然后用 if 做判断；如果有下一页，就继续请求。

从上面翻页的例子中可以看到，在同一个方法中可以多次使用 yield 返回数据，这在使用 Scrapy 编写爬虫过程中，经常用到；还要注意网页中解析出的 URL 经常是不完整的相对路径 URL，不要忘记使用 response.urljoin 方法将其转换为绝对路径的 URL。

之所以要讲解第二种翻页方法，是因为在一些场景下，可能不能事先了解一个网站的总页数，这时候，第二种翻页方法就能把全部数据爬取下来。当然了，在学习了下一章 CrawlSpider 后，读者会发现使用 CrawlSpider 爬取，代码会更简洁。

10.4 本章小结及要求

本章着重讲解了使用 BasicSpider 类这个最简单最基础的 Spider 类爬取网站的一些技巧，用爬取我爱我家二手房房源这个例子做了编写爬虫代码的演示，还讲解了下载图片的方法及翻页的两种实现方法。Scrapy 的 BasicSpider 类在定向爬取简单网页时经常用到。

本章要求比较简单，就是使用 Scrapy 爬取我爱我家租房房源数据，希望读者通过这个练习，熟悉使用 Scrapy 的 BasicSpider 类编写定向爬虫。

第 11 章

CrawlSpider 类和 Scrapy 框架概览

11.1 CrawlSpider 类简介

使用 Crawlspider
模板爬取新浪新闻

CrawlSpider 类是爬取一般网站最常用的 Spider 类。CrawlSpider
允许用户根据一定的 URL 规则提取跟进的链接，这是因为一般网站设
计其 URL 构造都符合一定的规则，CrawlSpider 正是利用这种 URL 构造规则跟进链接，
实现对全网站的爬取。

CrawlSpider 类除了从 Spider 类继承过来的属性外，还提供了新的属性。

1. rules

rules 是规则对象的集合，集合中的每条 Rule 对爬取网站的动作定义了特定表现，也
就是说爬取规则就是在 rules 里面定义，如果多个 Rule 匹配了相同的链接，则根据它们
在本属性中被定义的顺序，第一个会被使用。rules 最重要的参数是爬取规则 link_
extractor，还有几个重要参数需要注意。

（1）callback 回调函数

这是一个可迭代对象或 string，若是 string，则 Spider 中同名的函数将会被调用。
从 link_extractor 中获取到链接时，系统将调用该函数。该回调函数接受一个 response
作为其第一个参数，并返回一个包含 Item 及（或）Request 对象的列表。

需要注意的是，当使用 CrawlSpider 编写爬虫规则时，要避免使用 parse 作为回调函
数。这是由于 CrawlSpider 使用了 parse 方法来实现其逻辑，如果覆盖了 parse 方法，
CrawlSpider 将会运行失败。

（2）follow

follow 是一个布尔值，指定了根据该规则从 response 提取的链接是否需要跟进。

如果不指定回调函数，也就是 callback 为 None，follow 默认设置为 True，否则默
认为 False。

（3）process_links

用来过滤从 link_extractor 中获取到的链接的函数。

（4）process_request

处理提取到的每个 request 的函数，主要用来过滤 request。

下面重点说一下爬取规则 link_extractor。

2. 爬取规则

link_extractor 也被称为链接提取器，人们使用它来定义具体的爬取规则，即如何从爬取到的页面提取链接。link_extractor 是链接提取器与方便的过滤选项，常用参数如下。

（1）allow：值为正则表达式或正则表达式列表，当 URL 匹配这个正则时提取。如果没有指定 allow 的值或者值为空，它将匹配所有链接。

（2）deny：值为正则表达式或正则表达式列表，当 URL 匹配这个正则时不提取此链接。它优先于 allow 参数。如果没有给出或为空，它不会排除任何链接。

（3）allow_domains 和 deny_domains：允许爬取和不允许爬取的域名。

（4）unique：是一个布尔值，对提取的链接应用或不应用重复过滤。

上面简单介绍了 CrawlSpider 的概念和常用参数。下节通过爬取房天下二手房房源的例子来具体演示如何使用 CrawlSpider。

11.2　房天下二手房房源爬虫

11.2.1　房天下网站分析

为了与上一章我爱我家爬虫作对比，这次使用 CrawlSpider 来编写房天下北京二手房房源爬虫。为什么爬取房天下二手房房源要使用 CrawlSpider 来写呢？打开房天下北京二手房房源列表页面，然后拉滚动条到最底部翻页的地方，如图 11-1 所示。

可以看到它的页数只有 100 页，很显然房天下并没有把全部二手房房源用列表的形式展示出来，仅仅显示了前 100 页。如果按照上一章的思路，从列表页爬取二手房信息，肯定是爬不全的。只要仔细观察房天下二手房房源列表页面和房源详情页面 URL 的构造特点，根据 URL 的特点编写爬行规则，就能实现对房天下网站北京地区全部二手房房源的爬取。

仔细查看网页就会发现，房源列表页面的 URL 有如下几种形式：http://esf.fang.com/house-a01/；http://esf.fang.com/house-a0585-b01515/；http://esf.fang.com/house-a0585-b07449/c2400-d2500/。

图 11-1　房天下北京二手房房源列表页

房源详情页面的 URL 有如下几种形式：http://esf.fang.com/chushou/3_401314098.htm；http://esf.fang.com/chushou/3_401787443.htm；http://esf.fang.com/chushou/18_400747453_11836145x1010018037_164999966.htm。

房源列表页 URL 和房源详情页 URL 的构造特征如下。

（1）所有二手房房源列表页面 URL 前半部分都包含 http://esf.fang.com/house。

（2）所有北京二手房房源详情页面 URL 都以 http://esf.fang.com/chushou/作为前半部分。

观察到这两条 URL 构造特点后，就可以根据这两个特点编写 link-extractor。可以编写两条规则：第一条规则是跟进二手房房源列表页面 URL；第二条规则是对符合二手房房源详情页 URL 构造规则的页面发起请求并解析出其中的房源信息。

11.2.2　房天下二手房房源爬虫实现

第一步，建立项目，使用 crawl 模板生成 spider 文件。

```
>scrapy startproject pachong3
>cd pachong3
>scrapy genspider -t crawl fang fang.com
```

第二步，定义 items.py。作为简单演示，这里只提取 3 项数据——房源标题（title）、总价（total_price）、面积（area）。

```
class Pachong3Item(scrapy.Item):
    title = scrapy.Field()
    total_price = scrapy.Field()
    area = scrapy.Field()
```

第三步，编写 spider 文件。下面在生成的模板基础上修改相关内容。首先导入 "Scrapy" "LinkExtractor" "CrawlSpider, Rule" 及自己定义的 Item 类。

```
import scrapy
from scrapy.linkextractors import LinkExtractor
from scrapy.spiders import CrawlSpider, Rule
from pachong3.items import Pachong3Item
```

然后定义 FangSpider 爬虫类，它继承自 CrawlSpider 这个类，这里设置房天下北京二手房首页为起始页。

```
class FangSpider(CrawlSpider):
    name = 'fang'
    allowed_domains = ['fang.com']
    start_urls = ['http://esf.fang.com/']
```

第四步，也是最核心的一步——定义链接提取规则。

这里定义链接提取规则时，要注意正则表达式的写法。在正则表达式中 .* 可以用来匹配任意多个字符。第一条 Rule 没有设置回调函数，它的 follow 默认为 True，因此它会跟进网页中符合正则表达式提取规则的 URL，通过这种跟进，实现对全部二手房列表页面的爬取。第二条规则匹配具体的房源详情页面 URL，当匹配成功并请求后，交给 callback 设置的同名函数来解析出具体的信息，因为这里设置了 callback，所以默认不会跟进网页中的 URL。

```
    rules=(
        Rule(LinkExtractor(allow='http://esf.fang.com/house.*')),
        Rule(LinkExtractor(allow='http://esf.fang.com/chushou/.*'),
            callback='parse_item'),
    )
#定义回调函数 parse_item
```

```
    def parse_item(self, response):
        item = Pachong3Item()
        #提取标题信息
        item['title'] = response.xpath(
                        'string(//div[@class="tab-cont clearfix"]/div[1])'
                        ).extract_first().strip().split('\r\n')[0].strip()
        #提取总价
        item['total_price'] = response.xpath(
                        '//div[@class="trl-item_top"]/div[1]/i/text()'
                        ).extract_first()
        item['area'] = response.xpath(
                        '//div[@class="tt"]/text()').extract()[1]
        return item
```

　　在这个回调函数里，首先初始化 Item，然后提取出需要的数据并返回。这里需要注意上面 XPath 路径的写法，这样写标题 XPath 路径的原因是，一些所谓优质房源的页面与普通房源页面稍有区别，用上面的 XPath 就可以全部提取到了。

　　最后，在执行爬行命令前，应在 settings.py 中设置如下参数。

```
ROBOTSTXT_OBEY = False

DOWNLOAD_DELAY = 10          #设置下载延时为 10 秒
#设置默认用户代理
USER_AGENT = 'Mozilla/5.0 (Windows NT 6.1; Win64; x64) \
            AppleWebKit/537.36 (KHTML, like Gecko) \
            Chrome/64.0.3282.186 Safari/537.36'
            COOKIES_ENABLED = False      #设置不启用 Cookies
```

　　然后在命令行项目根目录下执行如下命令。

```
>scrapy crawl fang -o fang.csv
```

　　这样房天下二手房房源爬虫就运行成功了。其实，这个爬虫并不完美，爬取速度很慢，这是由于设置了下载延时为 10 秒。如果希望加快速度（改为 2 秒或 3 秒），很快会发现爬虫触发了房天下的反爬虫策略，毕竟房天下对爬虫非常敏感，爬取速度稍快一点，就会被其反爬虫禁止。对反爬虫的问题及上面在 settings.py 中设置的含义，下一章将详细介绍。

　　上面以爬取房天下二手房房源为例，讲解了 CrawlSpider 的应用方法。CrawlSpider

非常强大，用户只需定义几条规则，就可以爬取整个网站的二手房信息，从这个角度看，它已经很接近通用爬虫了。上面的例子遇到了网站反爬虫带来的困扰，下一章将详细讲解这个问题。

11.3 Scrapy 架构

11.3.1 Scrapy 架构概览

前面已经讲解了 Scrapy 最重要的两个 Spider 类，现在讲解 Scrapy 架构及其组件之间的交互情况。图 11-2 所示为 Scrapy 文档中的架构概览图，这里仅为其添加了几个中文翻译。

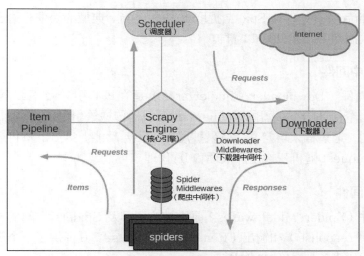

图 11-2 Scrapy 架构概览图（转自官方文档）

这个图将 Scrapy 中数据的流动展示得非常清楚。下面介绍各个组件的作用。

1. Scrapy Engine

Scrapy 的核心引擎，负责控制数据在系统所有组件中的流动，并在相应动作发生时触发事件，可以看作整个框架的总指挥。

2. 调度器

调度器（Scheduler）可以看作一个优先级队列。它从核心引擎接受 request 并将它们入队，以便之后引擎请求它们时按照优先级提供给引擎。

3. 下载器

下载器（Downloader）负责与网络交互，主要作用是获取页面数据并提供给引擎，而后提供给 spider 做解析，下载器在整个 Scrapy 架构中应该是负担最重的组件，由于其需要与网络交互，直接影响 Scrapy 的爬取效率。

4. Spiders

Spiders 是 Scrapy 用户编写用于分析 response 并提取 item（即获取到的 item）或额外跟进 URL 的类。对用户编写爬虫而言，它是最重要的组件。用户可以在同一个项目中编写多个 Spider，每个 Spider 负责处理一个特定（或一些）网站。

5. Item Pipeline

Item Pipeline 负责处理被 Spider 提取出来的 Item。典型的处理有清理、验证及持久化（如存储到数据库中，详见第 14 章）。

6. 下载器中间件

下载器中间件（Downloader Middlewares）是在核心引擎及下载器之间的特定钩子，负责处理引擎传递给下载器的 request 和下载器传递给引擎的 response。其提供了一个简便的机制，通过插入自定义代码来扩展 Scrapy 功能。第 12 章将通过编写下载器中间件，实现 request 随机变换用户代理和 IP 代理。

7. 爬虫中间件

爬虫中间件（Spider Middlewares）是在核心引擎及 Spiders 之间的特定钩子，处理 Spider 的输入（response）和输出（Items 及 requests）。其提供了一个简便的机制，通过插入自定义代码来扩展 Scrapy 功能。

11.3.2 Scrapy 中的数据流

下面介绍 Scrapy 中数据是如何在各个组件之间流动的。当启动 Scrapy 爬虫时，Scrapy 会产生以下几个动作。

（1）引擎将 start_urls 列表中的 URL 加进调度器（Scheduler）调度。如果重写了 start_request 方法，就将此方法中的 URL 加进调度器。

（2）引擎向调度器请求下一个要爬取的 URL。

（3）调度器给引擎返回下一个要爬取的 URL，引擎将 URL 通过下载中间件[请求（request）方向]转发给下载器（Downloader）。

（4）一旦页面下载完毕，下载器生成一个该页面的 response，并将其通过下载中间件[返回（response）方向]发送给引擎。

（5）引擎从下载器中接收到 response 并通过爬虫中间件（输入方向）发送给 Spider 处理。

（6）Spider 根据编写的提取逻辑，处理 response 并给引擎返回爬取到的 Item 及（跟进的）新的 request。

（7）引擎将（spider 返回的）爬取到的 Item 给 Item Pipeline，将（Spider 返回的）request 给调度器。

（8）从第二步重复直到调度器中没有更多的 request，引擎关闭该网站爬虫。

通过认识 Scrapy 中数据流动的特点，读者能够更深入地理解 Scrapy 框架，以及何时要配置某个组件。

11.4 本章小结及要求

本章重点以爬取房天下二手房房源为例，讲解用 CrawlSpider 类编写爬虫的技巧，其中最关键的是编写 URL 的提取规则。本章还大体介绍了 Scrapy 的架构和数据流，这有助于读者理解 Scrapy 工作机制，有利于读者编写爬虫。本章对 Scrapy 架构的讲解内容偏重理论，这部分内容参考了 Scrapy 的官方文档说明。

本章的要求是读者用 CrawlSpider 类编写我爱我家二手房房源爬虫。读者可以与第 10 章中用 BasicSpider 类编写的我爱我家二手房房源爬虫作对比，通过对比，更能体会用 CrawlSpider 类编写整站数据爬虫，十分简洁，它允许用户用少量代码实现对全站数据的抓取。

第 12 章

Scrapy 应对反爬虫策略

12.1　常用的反爬虫设置

爬取链家经纪人
成交数据及应对
反爬虫的设置

　　第 11 章编写的房天下二手房房源爬虫，如果不设置一些应对反爬虫的措施，可能很快就会被房天下服务器发现，从而被禁止。爬虫与反爬虫的斗争，无论手写爬虫还是使用框架，都是无法避免的。那么，Scrapy 爬虫框架可以采取哪些反爬虫的措施呢？下面以上一章房天下爬虫为例，详细介绍 Scrapy 应对反爬虫的常见策略。

1.　设置用户代理

　　通过设置 User Agent 模仿正常浏览器，是一个常用的应对服务器反爬虫的策略。在 Scrapy 爬虫框架中，可以用 4 种方法设置 User Agent。

　　（1）在 settings.py 文件中直接设置 User Agent。打开房天下爬虫项目，在 settings.py 找到其默认的 User Agent 设置。

```
#USER_AGENT = 'pachong3 (+http://www.yourdomain.com)'
```

把前面的注释去掉，并设置为如下形式。

```
USER_AGENT = 'Mozilla/5.0 (Windows NT 6.1; Win64; x64) \
            AppleWebKit/537.36 (KHTML, like Gecko) \
            Chrome/63.0.3239.132 Safari/537.36'
```

　　这样就设置好了 Scrapy 默认使用的 User Agent，无论项目中的爬虫，还是在项目中运行 shell，Scrapy 都会使用这里设置的 User Agent 作为默认的用户代理。

　　（2）设置 Scrapy 的默认请求 headers。同样是在 settings.py 中，找到其默认的请求 headers。

```
#DEFAULT_REQUEST_HEADERS = {
#    'Accept':
```

```
'text/html,application/xhtml+xml,application/xml;q=0.9,*/*;q=0.8',
#    'Accept-Language': 'en',
#}
```

在这里覆盖 Scrapy 的默认请求 headers，如增加 User Agent 这一项。

```
DEFAULT_REQUEST_HEADERS = {
'Accept':
         'text/html,application/xhtml+xml,application/xml;q=0.9,*/*;q=0.8',
'Accept-Language': 'en',
'USER_AGENT':'Mozilla/5.0 (Windows NT 6.1; Win64; x64) \
         AppleWebKit/537.36 (KHTML, like Gecko) \
         Chrome/63.0.3239.132 Safari/537.36'
}
```

这样就在默认的请求 headers 中增加了 User Agent 这一项。如果爬虫需要修改默认请求 headers，可以在这里设置。

（3）直接在爬虫代码中为 scrapy.Request 添加 headers 参数。例如将 spider 文件中 Scrapy 请求修改为如下形式。

```
header={'User-Agent': 'Hello World'}
yield scrapy.Request(url='http://example.com', headers=header)
```

这种修改方式具有最高的优先级，也就是说在这里设置的 headers 优先级，高于 Scrapy 的默认设置。这种做法有个稍微不方便的地方，因为 Scrapy 在开始运行时默认先请求 start-urls 中的网址，需要重写 start_requests 才能修改对 start-urls 的请求头部。

（4）在中间件中自定义 headers。Scrapy 框架为了方便，统一修改爬虫的请求和下载设置，有专门的下载中间件，用户可以通过设置下载中间件，实现对爬虫用户代理的设置，甚至为了更加逼真地模仿很多用户访问，可以通过下载中间件设置随机的 User Agent。下一节将详细讲解具体的设置方法。

2. 设置下载延迟、Cookies 及使用代理 IP

可以通过设置下载延时，限制爬虫的访问速度，避免太快访问服务器，从而防止被反爬虫禁止。设置下载延时是一种非常有效的应对反爬虫措施。网站服务器是为大部分的用户提供服务的，我们应该尽量克制爬取的速度，避免占用过多的服务器资源，以免影响普通用户的使用。可以在 settings.py 中找到#DOWNLOAD_DELAY 这一项，去掉前面的注释，保留 DOWNLOAD_DELAY = 3。

这样就将下载延时设置为 3 秒。DOWNLOAD_DELAY 支持设置为小数。

Scrapy 在设置了 DOWNLOAD_DELAY 的情况下，默认启用了 RANDOMIZE_ DOWNLOAD_DELAY，也就是随机等待。这样当从相同的网站获取数据时，Scrapy 将会等待一个随机的值（0.5～1.5 的一个随机值乘以 DOWNLOAD_ DELAY）。该随机值降低了爬虫被检测到的概率，因为某些网站会分析请求，查找请求之间时间间隔的相似性。

在爬取网站的过程中，Scrapy 会自动处理 Cookies，也就是模仿浏览器去跟踪 Cookies。在爬取量很大的情况下，这样很容易被服务器发现，这时可以设置禁止使用 Cookies。在 settings.py 中找到 #COOKIES_ENABLED = False，去掉前面的注释，保留 COOKIES_ENABLED = False，即可禁用 Cookies。

但是在有些情况下，某些网站也会通过检测 Cookies 来反爬虫，第 16 章将详细介绍。

有的网站通过检测 IP 访问情况来反爬虫，可以使用随机轮换的 IP 代理解决这个问题。Scrapy 中可以通过下载中间件设置 IP 代理，12.3 节将详细演示如何设置随机轮换的 IP 代理。

3. 自动限速扩展

上面的 DOWNLOAD_DELAY 是为 Scrapy 设置了一个固定的下载延时，一般很难知道到底设置几秒合适，我们希望既能较快速地爬取又不要被反爬虫禁止，可以通过使用自动限速扩展解决这个问题。该扩展能根据 Scrapy 服务器及爬取的网站的负载，自动限制爬取速度。它可以自动调整 Scrapy 来优化下载速度，使用户不用调节下载延迟及并发请求数来找到优化的值。用户只需指定允许的最大并发请求数，剩下的都交给扩展来完成。

可以通过 settings 设置自动限速扩展，找到 settings 中的 #AUTOTHROTTLE_ENABLED = True 这一项，去掉注释，保留 AUTOTHROTTLE_ENABLED = True，即可打开自动限速扩展。

设置自动限速扩展还允许设置初始下载延迟和最大下载延时，一般使用默认值即可。读者可以通过查阅 Scrapy 文档了解这些设置的含义。

上面总结了 Scrapy 中常用的应对反爬虫措施，在实际的项目中，可以尝试综合使用这些措施从而避免被反爬虫禁止。

12.2　下载器中间件

12.2.1　下载器中间件简介

上一节讲到设置随机的用户代理和随机的 IP 代理能防止爬虫被禁止，这是非常有效的应对反爬虫措施，值得读者学习掌握。设置随机用户代理和 IP 代理都需要用到 Scrapy 下载器中间件。

如前所述，下载器中间件介于 Scrapy 引擎和 Scrapy 下载器之间。Scrapy 所有发出的请求（request）和请求响应（response）都会经过下载器中间件，所以，如果想全局地修改 Scrapy 的 request 和 response，就可以通过下载器中间件来修改。例如现在设置随机 User Agent 和随机 IP 代理，就需要对 Scrapy 框架全局 request 进行修改，因此通过设置下载器中间件来完成。

12.2.2 激活下载器中间件

要使用下载器中间件配置 Scrapy，首先需要激活下载器中间件组件，在 settings.py 文件中将其加进 DOWNLOADER_MIDDLEWARES 设置。该设置是一个字典（dict），键为用户编写的中间件类的路径，值为这个中间件的执行顺序。

打开房天下爬虫的 settings.py 文件，会发现它已包含 DOWNLOADER_MIDDLEWARES 设置，要启用下载中间件，需要将其注释打开。

```
DOWNLOADER_MIDDLEWARES = {
    'pachong3.middlewares.Pachong3DownloaderMiddleware': 543,
}
```

这里字典中的键就是中间件类的路径，后面的数字代表这个中间件的执行顺序。自定义的中间件会与 Scrapy 默认设置的 DOWNLOADER_MIDDLEWARES_BASE 里面的中间件合并。Scrapy 根据设置的执行顺序进行排序，从而得到启用中间件的有序列表，第一个中间件是最靠近引擎的，最后一个中间件是最靠近下载器的。关于如何分配中间件的顺序，请查看 DOWNLOADER_MIDDLEWARES_BASE 设置，然后根据想要放置中间件的位置选择一个值。由于每个中间件执行不同的动作，一个中间件可能依赖于之前（或者之后）执行的中间件，因此顺序是很重要的。

如果想禁止内置的（在 DOWNLOADER_MIDDLEWARES_BASE 中设置并默认启用的）中间件，必须在项目设置文件 DOWNLOADER_MIDDLEWARES 中定义该中间件，并将其值赋为 None。例如，要设置随机 User Agent，就要关闭 Scrapy 默认的 User Agent 中间件。

```
DOWNLOADER_MIDDLEWARES = {
'pachong3.middlewares.Pachong3DownloaderMiddleware': 543,
'scrapy.downloadermiddlewares.useragent.UserAgentMiddleware': None, }
```

12.2.3 编写下载器中间件

每个所谓中间件组件其实就是一个 Python 类。如果要改变 request，就在这个类中定义一个 process_request 方法，当每个 request 通过下载中间件时，该方法将被调用。下一节将通过实例演示编写下载器中间件的具体方法。

也可以编写 process_response 方法和 process_exception 方法来处理 response 对象和异常，感兴趣的读者可以阅读 Scrapy 文档。

12.3 设置随机用户代理和 IP 代理

上节介绍了下载器中间件，这节介绍如何通过下载器中间件设置随机用户代理和 IP 代理。

12.3.1 设置随机用户代理

既然要设置随机 User Agent，首先要准备一批可用的 User Agent（可以从网上搜索一批），为了便于统一更改设置，将这些 User Agent 以列表的形式添加到项目的 settings.py 文件中。

应对反爬虫-使用
用户代理

```
USER_AGENTS = [
    "Mozilla/5.0 (Windows; U; Windows NT 5.1; zh-CN)
AppleWebKit/523.15 (KHTML, like Gecko,
Safari/419.3) Arora/0.3 (Change: 287 c9dfb30)",
    "Mozilla/5.0 (X11; U; Linux; en-US)
AppleWebKit/527+(KHTML, like Gecko, Safari/419.3)
Arora/0.6",
    "Mozilla/5.0 (Windows; U; Windows NT 5.1; en-US;
rv:1.8.1.2pre) Gecko/20070215 K-Ninja/2.1.1",
    "Mozilla/5.0 (Windows; U; Windows NT 5.1; zh-CN; rv:1.9)
Gecko/20080705 Firefox/3.0 Kapiko/3.0",
    "Mozilla/5.0 (X11; Linux i686; U;) Gecko/20070322 Kazehakase/0.4.5",
    "Mozilla/5.0 (X11; U; Linux i686; en-US;
rv:1.9.0.8) Gecko Fedora/1.9.0.8-1.fc10
```

```
Kazehakase/0.5.6",
    "Mozilla/5.0 (Windows NT 6.1; WOW64)
AppleWebKit/535.11 (KHTML, like Gecko)
Chrome/17.0.963.56 Safari/535.11",
    "Mozilla/5.0 (Macintosh; Intel Mac OS X 10_7_3)
AppleWebKit/535.20 (KHTML, like Gecko)
Chrome/19.0.1036.7 Safari/535.20",
    "Opera/9.80 (Macintosh; Intel Mac OS X 10.6.8;
U; fr) Presto/2.9.168 Version/11.52",
]
```

这里只是简单演示，用户可以搜索更多的 User Agent 添加进来。

下面编写中间件。在房天下爬虫项目中找到 middlewares.py 文件，在这个文件中编写随机变换 User Agent 中间件。

进入项目的 middlewares.py 文件，可以看到这里面有一个默认生成的 Pachong3SpiderMiddleware 中间件类，不用管它。引入 UserAgentMiddleware 中间件，自定义的随机更换 User Agent 中间件就是在这个中间件基础上，重写 process-request 方法得到的。在重写的 process-request 方法中使用 random.choice 从前面定义的用户代理列表中随机选取一个 User Agent 来使用。

导入需要的包，把定义的 USER_AGENTS 列表从 settings.py 文件中引入进来。

```
import random
from scrapy.downloadermiddlewares.useragent import UserAgentMiddleware
from pachong3.settings import USER_AGENTS
```

下面开始定义随机 User Agent 类。这里最关键的步骤就是重写 process-request 这个方法，通过这个方法随机地设置了 request 中 headers 的 User Agent。

```
class RandomUserAgent(UserAgentMiddleware):
    def process_request(self, request, spider):
        ua = random.choice(USER_AGENTS)
        request.headers.setdefault('User-Agent', ua)
```

保存定义好的 middlewares.py 文件，然后在 settings.py 文件中关闭 Scrapy 默认的 User Agent 中间件并启用自己定义的中间件，这样就完成了所有的配置。

```
DOWNLOADER_MIDDLEWARES = {
'pachong3.middlewares.RandomUserAgent': 543,
```

```
'scrapy.downloadermiddlewares.useragent.UserAgentMiddleware': None,
}
```

启用自定义中间件的写法为 "pachong3.middlewares.RandomUserAgent': 543"，前面部分就是我们定义的类的路径，也就是在 pachong3 文件夹下面的 middlewares.py 模块中的 RandomUserAgent 这个类，因此我们的写法是使用点连接起来组成一个路径字符串，作为字典的 key；后面的值是中间件的执行顺序，必须是 0~1000 的整数值。

12.3.2　设置随机 IP 代理

应对反爬虫-使用
代理 IP

设置随机变换的 IP 代理可以说是应对反爬虫的利器，尤其对大型爬取任务，设置随机变换的 IP 代理能起到比较好的反爬虫作用。但是免费而又稳定的代理 IP 很少，大部分免费代理 IP 极其不可靠，很可能短时间内不能用了。在处理大型爬虫时，最好购买商业的代理 IP，相对可靠，能减少维护爬虫的工作量。

现在设置随机 IP 代理。还是从西刺代理上选取几个代理 IP 作为例子，在读者看到这里的时候，如果这几个 IP 不能用了，可以重新找几个做练习。

第一步，在 settings.py 中写入代理 IP 列表。列表中的元素是字典形式，其 value 就是我们找到的代理 IP。

```
IPPOOL = [
{'ipaddr':'http://39.69.15.245:53281'},
{'ipaddr':'http://219.138.58.243:3128'}
]
```

第二步，进入项目的 middlewares.py 文件，编写随机更换代理 IP 的类。
首先导入 settings 中的代理 IP 列表和 HttpProxyMiddleware 类。

```
from scrapy.contrib.downloadermiddleware.httpproxy
import HttpProxyMiddleware
from pachong3.settings import IPPOOL
```

然后定义我们自己的更换代理 IP 类。

```
class MyproxiesSpiderMiddleware(HttpProxyMiddleware):
    def process_request(self, request, spider):
        thisip = random.choice(IPPOOL)
        request.meta["proxy"] = thisip["ipaddr"]
```

第三步，在 settings 中启用我们定义的类并关闭 Scrapy 内置的 HttpProxy Middleware。

```
DOWNLOADER_MIDDLEWARES = {
'pachong3.middlewares.MyproxiesSpiderMiddleware': 100,
'scrapy.downloadermiddlewares.httpproxy.HttpProxyMiddleware': None,
}
```

这样就完成了设置随机 IP 代理。

12.4　本章小结及要求

本章简单介绍了下载器中间件及其激活和编写方法。这里只是做了大概的介绍，详细的定义推荐读者阅读 Scrapy 文档。其实，在读者阅读完本书内容后，再去阅读 Scrapy 官方文档就不会有什么难点了，相信读者可以在短时间内轻松地阅读完 Scrapy 官方文档。

从本章例子可以看出来，如果需要自定义中间件，关键就要编写一个类并定义 process-request 方法。在这个方法里写入自己的处理逻辑，从而实现对爬虫 request 的全局更改。

本章的要求是爬取新浪新闻。新浪新闻的栏目非常多，使用简单 Spider 类难以编写，读者可以使用 CrawlSpider 类编写爬取新浪新闻的爬虫，同时要注意设置使用随机用户代理和 IP 代理，防止被新浪服务器反爬虫禁止。

第 13 章

登录网站和提交数据

13.1 Cookies 登录网站的高级技巧

13.1.1 Request 对象

下面再了解一下 Scrapy 的 Request 对象。Scrapy 使用 Request 来执行请求并返回响应对象。Request 常用参数如下。

（1）URL：也就是请求网址。

（2）callback：执行解析响应对象的函数。通过这个参数指定由哪个解析函数来解析请求返回的响应。

（3）method：指定 HTTP 请求类型，默认是 GET，当需要向网站提交数据的时候，可以使用 POST。

（4）headers：可以使用这个参数指定请求的头部信息，包括用户代理信息等。请注意，这里设置的优先级要高于 settings.py 中默认的 headers，也就是说，如果这里设置了 headers，Request 就不会使用默认设置的 headers。

（5）Cookies：这个参数允许使用字典或者字典的列表设置请求的 Cookies。一般来说，Scrapy 默认会帮用户处理 Cookies 信息，当需要设置为某个保存的 Cookies 时，可以在这里指定 Cookies。

（6）dont_filter：这个参数需要设置为布尔值，它用来设置是否允许 Scrapy 的队列对 Request 的 URL 进行重复过滤，默认是 False，也就是对 URL 执行过滤。如果需要打开它，要防止进入抓取死循环。

（7）meta：这个参数可以传递信息，例如前面曾经使用这个参数在请求之间传递数据，另外这个参数还可以设置一些其他额外的信息，如不希望 Scrapy 在请求后合并 Cookies，可以编写如下代码进行设置。

```
meta = {'dont_merge_cookies': True}
```

上面这几个参数是 Request 比较常用的参数。如果要抓取需要登录后才能查看的网站信息，一个相对简单的办法就是使用 Cookies 参数，利用网站的保持登录机制，给它设置一个登录后的 Cookies 信息，从而实现对网站深层页面的抓取。

13.1.2　利用 Cookies 登录网站的技巧

使用 Cookies
登录豆瓣

通过第 5 章的学习，读者应当知道可以利用网站的保持登录机制，使用 Cookies 登录网站，从而抓取网站的深层网页。这就需要首先获得一个已经登录的 Cookies，有 3 种方式获得登录后的 Cookies。

（1）在浏览器中登录，然后把浏览器保持登录的 Cookies 复制下来。

（2）使用 requests 登录网站，然后在返回的 response 中取出登录后的 response. cookies。

（3）使用 selenium 和 Chrome 浏览器登录网站，然后使用 driver.get_cookies()方法获得已登录的 Cookies 信息。

为了简单，这里用第一种方式获取登录豆瓣网站后的 Cookies，现在使用 Scrapy 登录豆瓣网站并爬取登录后的个人网页。相信通过前面的学习，读者对建立项目、设置 Item 等已经很熟悉了，这里着重看一下 Spider 爬虫文件的编写。

首先设置 Cookies 和 headers 等信息。设置 headers 的目的是防止被豆瓣网站反爬虫禁止。

```python
import Scrapy


class DoubanSpider(Scrapy.Spider):
    name = 'douban'
    allowed_domains = ['douban.com']
    start_urls = ['https://www.douban.com/']


    cookies={
        'bid': 'IuQLRu42FKE',
        'gr_user_id': '9563059c-64f9-4413-a8b3-f6c144442b42',
        'viewed': '"25779298"',
        '_vwo_uuid_v2': 'D7C73030E63DF3C30B31714EB4496355| \
```

```
                          f443469b5e7c28f8ce13c507916aeef3',
        '__yadk_uid': 'AFSBtXDmqbS1ROjSeRV5zgsdPhTDph6s',
        'dbcl2': '"165023527:kJciabNmBqI"',
        '__utma': '30149280.1809447340.1503671275.1511594467.1511597456.11',
        '__utmb': '30149280.8.10.1511597456',
headers = {
    'Accept':'text/html,application/xhtml+xml,application/xml; \
                q=0.9,image/webp,image/apng,*/*;q=0.8',
    'Accept-Encoding':'gzip, deflate, br',
    'Accept-Language':'zh-CN,zh;q=0.9',
    'Cache-Control':'max-age=0',
    'Connection':'keep-alive',
    'Host':'www.douban.com',
    'Upgrade-Insecure-Requests':'1',
    'Referer':'https://www.douban.com/',
    'User-Agent':'Mozilla/5.0 (Windows NT 10.0; WOW64) \
                AppleWebKit/537.36 (KHTML, like Gecko) \
                Chrome/62.0.3202.89 Safari/537.36'}
```

由于需要爬取登录后的豆瓣网站，必须重写 start_requests 方法，从而实现对豆瓣网站个人页面的登录爬取。

```
def start_requests(self):
    my_url = 'https://www.douban.com/people/xpython/'
    yield scrapy.Request(my_url, Cookies=self.cookies,
                        headers=self.headers, callback=self.parse)
```

上面的代码使用 scrapy.Request 请求个人主页网址，添加了 Cookies 和 headers 信息，并设置了 parse 为回调函数。下面编写 parse 方法，验证是否已经登录。

```
def parse(self, response):
    name = response.xpath(
        '//*[@id="db-usr-profile"]/div[1]/a/img/@alt').extract_first()
    print(name)
    url_home='https://www.douban.com/'
```

```
        yield scrapy.Request(url_home, cookies=self.cookies,
            headers=self.headers, callback=self.parse_home)
```

parse 回调函数解析并打印出了个人主页的名字。为了再次确认已经登录，继续使用 Cookies 请求豆瓣网站的首页，并设置 parse_shouye 为回调函数。

```
    def parse_home(self, response):
        author = response.xpath(
            '//*[@id="statuses"]/div[2]/div[1]/div/div/div[1]/div[2]/a/text()'
                            ).extract_first()

        print(author)
```

这里解析出了第一条动态信息的作者并打印出来，读者可以与浏览器中看到的结果对比一下。

上面简单介绍了 Scrapy 的 Request 对象并演示了使用 Cookies 登录豆瓣网站。在实际的项目中，可以使用 Selenium 登录网站并获取登录后的 Cookies，这样编写起来相对简单，也不会影响抓取效率。

13.2 使用 FormRequest 向网站提交数据

13.2.1 FormRequest 类

Scrapy 提供的 FormRequest 类是在 scrapy.Request 类的基础上为爬取过程中处理 HTML 表单而做的一些扩展。FormRequest 在 Request 所有参数的基础上添加一个新的参数——formdata，这个参数允许用户以字典的形式向网站提交数据，在遇到需要向网站提交数据才能爬取的情况时，可以使用 FormRequest 代替 Request 发起请求并提交数据。

FormRequest 还提供了一个非常重要的类方法 FormRequest.from_response()方法，主要应用在模拟登录等场景，13.3 节将演示其用法。

下面以爬取 Q 房网二手房房源数据为例，讲解使用 FormRequest 向网站提交数据的方法。

13.2.2 爬取 Q 房网二手房房源

不同于第 4 章中使用 Requests 爬取 Q 房网 Web 页面，这一次使用 Scrapy 爬取 Q 房网的移动页面。

1. 网站分析

打开深圳 Q 房网移动页面（http://m.qfang.com/shenzhen/sale?insource=index），不难发现这是一个动态页面，当翻到页面底部时，它会动态加载新的房源信息。使用 Chrome 浏览器的检查功能会发现它实际请求的网址为 http://m.qfang.com/shenzhen/sale?insource=index&page=X。

这里的 X 代表页码。如果直接请求这些网址，并不能爬取到房源信息，这是为什么呢？下面分析它的请求过程。

在请求某一页的时候，如第 4 页（见图 13-1），系统同时向网站提交 more:4 的信息，这样才能获取到对应页码的房源数据。现在知道了 Q 房网移动网站的特点，下面直接演示 spider 文件的编写。

图 13-1　Q 房网请求分析

2. spider 代码实现

这里主要爬取房源的标题和价格。新建一个爬虫项目 Pachong4，编写 Item 文件。

```python
import scrapy


class Pachong4Item(scrapy.Item):
    title = scrapy.Field()
    price = scrapy.Field()
```

重点看 spider 文件，因为从第一页开始就需要提交数据，所以重写 start_requests 方法。

```python
import scrapy
from pachong4.items import Pachong4Item


class QfangSpider(scrapy.Spider):
```

```
name = 'qfang'
def start_requests(self):
    #设置 URL 前面部分
    url_pre = 'http://m.qfang.com/shenzhen/sale?version=a&page='
    for i in range(1,6):
        url = url_pre + str(i)   #构造 URL
        formdata = {'more':str(i)}
        yield scrapy.FormRequest(url, formdata=formdata,
                                        callback=self.parse)
```

这里爬取前 5 页，使用一个循环构造爬取的 URL 和提交的 formdata 字典，最后使用 scrapy.FormRequest 提交请求及 formdata 数据，并设置回调函数为 parse 方法。

```
def parse(self, response):
    #先从房源列表中取出每一段的代码
    house_list = response.xpath('//a')
    for house in house_list:
    item = Pachong4Item()
    item['title'] = house.xpath('div[2]/p[1]/text()').extract()[0]
    item['price'] = house.xpath('div[2]/p[3]/em/text()').extract()[0]
    yield item
```

需要特别注意，parse 方法提取房源列表代码段时，xpath 路径是 '//a'，也就是直接从根目录提取 a 节点元素，这是因为请求分页 URL 返回的是房源列表的 HTML 代码，没有一般页面中前面的一系列元素，因此直接从根目录取 a 元素就得到了房源码段列表。

第 4 章演示过使用 Requests 爬取 Q 房网二手房房源数据，读者可以与本节的方法比较学习，重点要学会需要向网站提交数据情况下的 Scrapy 爬虫的编写。

13.3 Scrapy 登录网站的高级技巧

13.3.1 FormRequest.from_response()方法

13.2 节曾提到 FormRequest 还提供了一个非常重要的类方法 FormRequest.from_response()方法，这个方法经常用于模拟用户登录。

通常网站通过<input type="hidden">实现对某些表单字段（如数据或是登录界面中的认证令牌等）的预填充。使用 Scrapy 抓取网页时，如果想要预填充或重写用户名、用户密码这些表单字段，可以使用 FormRequest.from_response()方法实现。

下面用登录豆瓣网站来演示 FormRequest.from_response()的用法。

13.3.2　利用 Scrapy 登录网站的技巧

豆瓣网站的登录分析在第 5 章中已经详细阐述过，这里主要写 spider 文件。

首先，把 start_urls 设置为豆瓣网站的登录页面 https://www.douban.com/accounts/login。

其次，使用 scrapy.FormRequest.from_response()这个方法登录。这个方法的特别之处在于它的第一个参数是我们请求返回的 response，并使用 formdata 参数提交需要 POST 的数据，如用户名、密码等，这里设置 after_login 作为回调函数。

```python
import scrapy

class DoubanSpider(scrapy.Spider):
    name = 'douban'
    allowed_domains = ['douban.com']
    start_urls = ['https://www.douban.com/accounts/login']

    def parse(self, response):
        return scrapy.FormRequest.from_response(
            response,
            formdata={'source':'index_nav','form_email':'984595060@qq.com',
                      'form_password':'963852741'},
            callback=self.after_login)
```

为了验证是否已经登录成功，可以在 after_login 方法中解析并打印首页第一条动态信息的作者，也可以把收到的响应内容（response）保存下来，与在浏览器中登录后打开的豆瓣网站首页对比，可以发现已经成功登录了豆瓣网站。

```python
    def after_login(self, response):
        author = response.xpath(
'//*[@id="statuses"]/div[2]/div[1]/div/div/div[1]/div[2]/a/text()'
    ).extract_first()
```

```
    print(author)    #打印第一条动态信息的作者
with open('douban.txt', 'wb') as f:
    f.write(response.body)    #保存源码
return
```

代码中的 response.body 就是获取到的页面二进制源码,它与 Requests 中响应的 response.content 类似。

再次,设置 settings.py 文件。一是设置 ROBOTSTXT_OBEY = False。二是设置默认的 User Agent。豆瓣这个网站如果不设置 User Agent,肯定会爬取失败。

```
USER_AGENT = 'Mozilla/5.0 (Windows NT 10.0; WOW64) \
              AppleWebKit/537.36 (KHTML, like Gecko) \
              Chrome/46.0.2490.80 Safari/537.36'
```

最后,运行这个爬虫,可以在 debug 信息中看到打印出的第一条动态信息的作者名,还可以查看生成的 douban.txt 文件,会发现已经成功登录了豆瓣网站。

这里并没有像 Requests 登录网站时那样使用会话对象保存 Cookies,这是因为 Scrapy 可以自动处理 Cookies,就像浏览器那样,一般情况下不需要手动保存已经登录的 Cookies。

13.4 本章小结及要求

本章简单介绍了 Scrapy 的 Request 对象并演示了使用 Cookies 登录豆瓣网站,还学习了向网站提交信息及 Scrapy 登录网站的方法。我们知道 Scrapy 会自动传递登录后的 Cookies,如果不希望在传递 Cookies 的过程中自动更改合并 Cookies,则应在 meta 中设置 dont_merge_cookies 为 True。

本章的要求是完成在需要填写验证码情况下使用 Scrapy 登录豆瓣网站的代码编写。读者可以参考 5.3 节中对带验证码登录豆瓣网站的分析和思路。通过这个练习,读者更能体会到使用 FormRequest.from_response() 方法模拟登录网站的方便之处。

第 14 章

存储数据到数据库

14.1 MongoDB 的安装与使用

14.1.1 Scrapy 存储数据与 MongoDB 简介

第 10 章曾经讲过 Scrapy 数据的快捷输出方式——Feed 输出，这种存储数据的方式适合小型的爬虫，对于大型爬虫数据的保存，还是需要数据库的，本章将以把数据存储到 MongoDB 和 MySQL 数据库为例，讲解 Scrapy 存储数据到数据库的方法。

MongoDB 作为非关系型数据库，基于 Key-Value 形式保存数据，与 Python 字典格式非常相似。MongoDB 没有 schema 的严格定义，能够轻松应对爬虫字段的变化等情况，也可以很轻松地横向扩展、分片和集群，非常适合存储大规模爬虫数据。

14.1.2 MongoDB 的安装

这里仅以 Windows 平台为例，简单讲解 MongoDB 的安装。至于 Linux 和 Mac 下的安装，相对简单，读者可以参考网上的相关教程。

打开 MongoDB 官网下载页面，选择 Community Server，如图 14-1 所示。

单击 DOWNLOAD 下载 msi 安装文件。注意，MongoDB 不支持 32 位的 Windows 操作系统。

下载完成后，直接双击下载的 msi 文件安装，在安装界面中单击 Next，在选择安装类型时使用默认的 complete 安装，然后单击 Next，这里注意把左下角 Install MongoDB Compass 前面的钩去掉（如果不去掉，安装过程十分漫长。这里不安装这个工具，后面还会安装可视化的工具），然后单击 Next，直到安装完成即可。

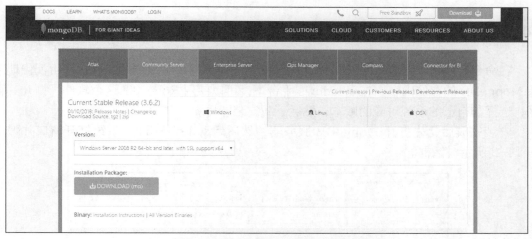

图 14-1　MongoDB 官网下载页面

14.1.3　MongoDB 的配置与启动

　　安装完成后，首先需要创建数据存储目录，例如要存储在 D 盘下的 mongodb 文件夹下的 data 文件夹里，就需要在 D 盘创建好这两个文件夹（D:\mongodb\data）。

　　然后可以启动 MongoDB 服务器了。在命令行模式下输入 cd C:\Program Files\MongoDB\Server\3.6\bin，进入 MongoDB 的 bin 安装目录下（注意这里要改成自己计算机上的安装目录），然后执行"mongod.exe --dbpath=D:\mongodb\data"。如果一切顺利，屏幕将出现类似[initandlisten] waiting for connections on port 27017（见图 14-2）这样的提示，说明 MongoDB 已经成功启动。

```
2018-02-07T07:12:58.329-0700 I CONTROL  [initandlisten]
2018-02-07T22:12:58.687+0800 I FTDC     [initandlisten] In
itializing full-time diagnostic data capture with director
y 'D:/mongodb/data/diagnostic.data'
2018-02-07T22:12:58.693+0800 I NETWORK  [initandlisten] wa
iting for connections on port 27017
```

图 14-2　MongoDB 成功启动的提示

　　还可以在 D:\mongodb\下建立 logs 文件夹用于存储日志信息，使用以下命令启动。

```
>mongod.exe --dbpath=D:\mongodb\data
--logpath=D:\mongodb\logs\mongodb.log
```

这样服务器日志信息就会被保存在 logs 文件夹里面。

14.1.4　MongoDB 的可视化管理

在命令行模式下查看 MongoDB 的存储信息十分不便，可以借助一些软件可视化地查看 MongoDB 的存储内容。在 Windows 平台下，可以使用 Robo 3T 这个软件。打开其官网，选择与自己的系统对应的版本，然后下载安装即可。

安装完成后，先打开 MongoDB 服务器，然后启动 Robo 3T，系统打开窗口并弹出图 14-3 所示对话框。

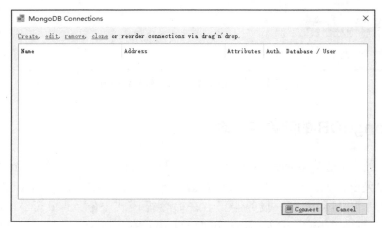

图 14-3　Robo 3T 启动对话框

单击对话框左上角的 Create，系统弹出连接配置对话框，如图 14-4 所示。

图 14-4　Robo 3T 连接 MongoDB 配置

在配置对话框中输入链接名称，依次单击 Save 和 Connect，就连接到了 MongoDB 服务器。连接成功后，可在右侧看到 MongoDB 数据库文件目录。

上面介绍了 Windows 平台上 MongoDB 服务器的安装、配置和可视化，讲得比较简单，但是对爬虫数据存储已经足够了，在生产环境中如果需要为 MongoDB 配置安全措施，可以上网查询相关文档。

14.2 爬取链家经纪人成交数据

爬取链家经纪人
成交数据及应对
反爬虫的设置

14.2.1 链家移动页面分析

这里用一个实例来演示如何把爬取到的数据存储到 MongoDB 服务器。这次实战的目标是爬取链家网站经纪人成交数据。爬取这个数据还是很有意义的，可以帮助我们判断经纪人的成交能力。为了简单，这次爬取链家网的移动页面。打开链家移动页面，如图 14-5 所示。

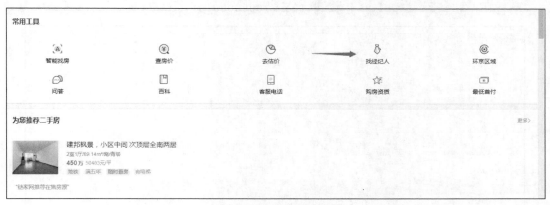

图 14-5　链家移动页面

单击页面中间位置的"找经纪人"这个栏目，进入链家北京的经纪人列表页，如图 14-6 所示。

很容易发现这是一个动态页面，向下拉滚动条，会不断有新的数据出来。通过使用 Chrome 浏览器的"检查"功能，可以很快判断出其翻页实际上是请求了如下形式的 URL。

```
https://m.lianjia.com/bj/jingjiren/?page_size=15&_t=1&offset=15
```

最后的 offset 值随着滚动翻页每次增加 15。知道了这个规律，就可以使用一个列表推导式生成所有需要爬取的经纪人列表页的 URL。

图 14-6 链家北京的经纪人列表页

通过经纪人列表页能爬取到经纪人详情页的 URL。打开经纪人详情页，如图 14-7 所示，其 URL 类似如下形式。

```
https://m.lianjia.com/bj/jingjiren/1000000010140377/
```

图 14-7 经纪人详情页

在经纪人详情页中单击"查看全部成交记录",进入经纪人的成交记录页面,其 URL 类似如下形式。

```
https://m.lianjia.com/bj/jingjiren/chengjiao/1000000010140377/
```

对比一下经纪人详情页面 URL 和其成交记录页面的 URL,可以发现成交记录页 URL 的构造规律,其实就是 URL 中间增加了 chengjiao/而已。

下面再看一下经纪人成交记录页面是如何翻页的,图 14-8 所示为经纪人成交记录页面。

图 14-8　经纪人成交记录页面

通过分析会发现,成交记录页也是一个动态页面,其翻页类似经纪人列表页,实际请求了类似下面形式的 URL。

```
https://m.lianjia.com/bj/jingjiren/chengjiao/
1000000010140377/?page_size=20&_t=1&offset=20
```

随着向下翻页,URL 的 offset 值每页增加 20。因此爬虫要实现翻页,只需要改变 offset 的值即可。可以使用两种方式来实现翻页。

(1)因为经纪人详情页已经给出了经纪人的成交套数,可以根据成交套数,用列表推导式来生成所有的翻页 URL。例如上面那位经纪人成交套数为 N,则他的成交记录页 URL 可以按如下方式生成。

```
#先定义 URL 前面部分
pre_url = ('https://m.lianjia.com/bj/jingjiren/chengjiao/'
'1000000010140377/?page_size=20&_t=1&offset=')
deal_url = [pre_url + str(i*20) for i in range(N//20+1)]
```

　　这种处理方式实质上是把成交记录页面总数计算出来并生成所有成交记录页面 URL，然后再请求，特别适合使用 Requests 编写爬虫时使用。

　　（2）在详情页解析函数中回调它本身，然后判断 response 是否有内容，有的话说明还有成交记录，那就继续请求下一页并继续使用详情页解析函数作为回调函数。这种方式更适合 Scrapy。下面将使用这种方式实现翻页。

14.2.2　定义 Items、编写 spider

　　第一步，设置一个 pachong5 的项目，并使用 BasicSpider 模板生成 spider。然后定义 Items，主要包括经纪人姓名、负责板块、成交小区、成交时间、成交总价这 5 项内容，打开 items.py 进行设置。

```python
import scrapy


class Pachong5Item(scrapy.Item):
    name = scrapy.Field()
    region = scrapy.Field()
    apartment = scrapy.Field()
    time = scrapy.Field()
    total_price = scrapy.Field()
```

　　第二步，按照对网站页面的分析，编写 spider。现在假设要爬取 10000 个经纪人的成交数据，用列表推导式生成 start_urls。当然也可以使用生成器，因为 start_urls 中的 URL 只会请求一次。

```python
import scrapy
from pachong5.items import Pachong5Item


class LianjiaSpider(scrapy.Spider):
    name = 'lianjia'
    allowed_domains = ['m.lianjia.com']
    #生成列表页 URL
    start_urls = (
        'https://m.lianjia.com/bj/jingjiren?page_size=15&t=1&offset='
        + str(x) for x in range(0,10000,15)
        )
```

然后定义经纪人列表页解析函数。思路是：从经纪人列表页中提取经纪人姓名、负责板块及经纪人详情页 URL，使用这个 URL 构造经纪人成交记录页的 URL，再对构造的经纪人成交记录页 URL 发起请求。

```
def parse(self, response):
    #获取每个经纪人的代码段
    agentlist = response.xpath(
"//*[@class='lists q_agentlist']/li[@class='pictext flexbox box_center_v']"
)
    for agent in agentlist:
        item = Pachong5Item()
        item['name'] = agent.xpath(
'div[2]/div[1]/span[1]/a/text()').extract_first()
        item['region'] = agent.xpath(
'div[2]/div[2]/span[1]/text()').extract_first()
            #构造经纪人成交记录页第一页的 URL
            deal_url = 'https://m.lianjia.com/bj/jingjiren/chengjiao/'
+ jjr.xpath('div[2]/div[1]/span[1]/a/@href'
).extract_first().split('/')[-2]
+ '?page_size=20&_t=1&offset=0'
            yield scrapy.Request(url=deal_url, meta={'item':item},
                callback=self.parse_deal)
```

在构造经纪人成交页网址 deal_url 时，网址最后面增加了"?page_size=20&_t=1&offset=0"这样一段，这并非画蛇添足，主要是希望在下面的 parse_deal 函数中可以得到统一的 URL 格式，从而方便地构造出成交页的下一页的网址。这里还使用了 meta 这个 Request 参数来传递已经提取到的 Item 数据到 parse_deal 函数。

第三步，定义 parse_deal 方法。

```
    def parse_deal(self, response):
        chengjiaos = response.xpath(
                    "//*[@class='mod_cont']/ul/li[@class='pictext']")
        if deal:            #判断是否还有成交记录
            item = response.meta['item']
#构造成交记录下一页的 URL，在当前页 offset 值的基础#上增加 20
```

```
            next_url = response.url.rsplit('=',1)[0]+'='
                        + str(int(response.url.rsplit('=',1)[1])+20)
#请求成交记录下一页
#注意要使用 meta 参数继续传递已抓取的 item 数据
yield scrapy.Request(url=next_url, meta={'item':item},
                    callback=self.parse_deal)
for deal in deals:
    item['apartment'] = deal.xpath('a/div[2]/div[1]/text()').extract_first()
    item['time'] = deal.xpath('a/div[2]/div[3]/text()').extract_first()
    item['total_price'] = deal.xpath('a/div[2]/div[4]/span[1]/em/text()
').extract_first()
    yield item
```

这里使用了上面介绍的第二种翻页方式。首先判断 response 中是否有成交列表数据，如果有，就先构造成交记录下一页的 URL，也就是把当前请求页面的 URL 从 offset 后面的'＝'那里分开，将当前页的 offset 值加上 20 构造为下一页网址 next_url，然后使用 scrapy.Request 请求并设置回调函数为 parse_deal 函数本身，另外，scrapy.Request 还需要将上面列表页抓取到的 Item 数据继续传递下去。最后，解析出当前成交记录页的数据并返回 Item。

第四步，设置 settings。为了防止被链家网反爬虫禁止，在 settings 中设置如下参数。

```
ROBOTSTXT_OBEY = False
COOKIES_ENABLED = False
DOWNLOAD_DELAY = 5
USER_AGENT='Mozilla/5.0 (Windows NT 6.1; Win64; x64) \
           AppleWebKit/537.36 (KHTML, like Gecko) \
           Chrome/63.0.3239.132 Safari/537.36'
```

至此，爬虫部分编写完毕，读者可以在命令行中运行一下，查看是否能正确地爬取到数据。运行结果如图 14-9 所示。从图中可以看到，爬虫能够正确地爬取到数据。

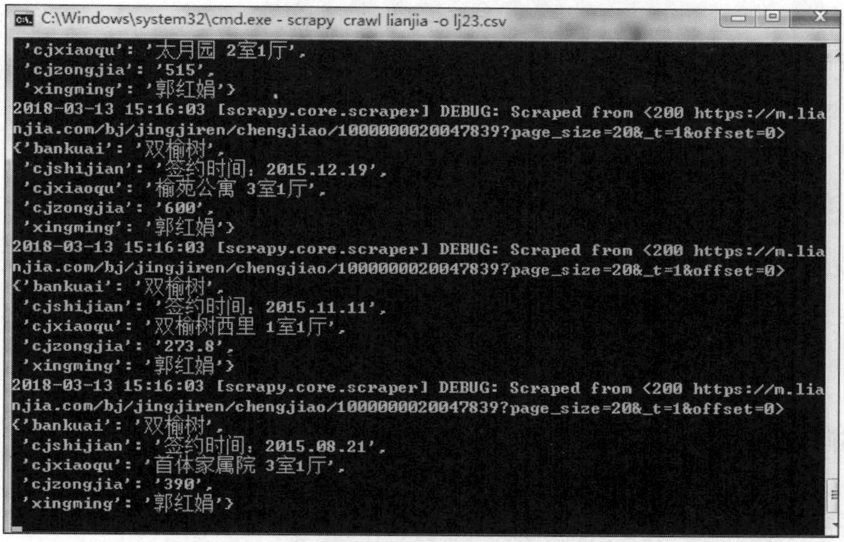

图 14-9　链家经纪人成交数据爬虫运行日志

本节定义了链家经纪人成交数据爬虫的 Items 和 spider。由于链家网的 Web 页面无法直接查看成交数据，这里爬取了链家网的移动页面。我们知道，爬取返回的 Item 交给了 pipeline 处理，因此下一节我们将讲解在 pipeline 中如何设置存储数据到 MongoDB。

14.3　设置链家网爬虫 pipeline

14.3.1　在 Python 中操作 MongoDB

在 Python 中使用 MongoDB，需要首先安装 MongoDB 驱动，也就是 Python 操作 MongoDB 的接口包，这里使用 pymongo 包作为操作 MongoDB 的驱动。可以在命令行中使用执行如下命令安装 pymongo 包。

```
>pip install pymongo
```

安装完成后，使用前首先引入这个包。

```
>>>import pymongo
>>>from pymongo import MongoClient
```

下面用例子分步骤讲解如何通过 pymongo 使用 MongoDB 数据库。

1. 创建一个 MongoClient

```
>>>client = MongoClient()
```

上述代码将连接默认主机和端口。当然也可以明确指定主机和端口。

```
>>>client = MongoClient('localhost', 27017)
```

这样就连接到了本机的 MongoDB，MongoDB 服务器默认使用 27017 端口。也可以使用 MongoDB URI 格式连接主机。

```
>>>client = MongoClient('mongodb://localhost:27017/')
```

2. 访问或创建数据库

MongoDB 的一个实例可以支持多个独立的数据库。在使用 PyMongo 时，可以使用 MongoClient 实例属性的方式来访问数据库。

```
>>>db = client.pythondb
```

如果数据库名称使用属性方式访问无法正常工作（如 client.python-db），则可以使用字典方式访问。

```
>>>db = client['python-db']
```

创建数据库实际是懒惰执行的，只有当第一条数据插入的时候，MongoDB 才会实际创建数据库。

3. 获取或创建集合

集合是存储在 MongoDB 中的一组文档，类似于关系数据库中的表。在 PyMongo 中获取集合的工作方式与获取数据库相同。

```
>>>collection = db.lianjia_collection
```

也可以使用字典方式访问。

```
>>>collection = db['lianjia-collection']
```

MongoDB 集合是懒惰创建的，上述任何命令并没有在 MongoDB 服务器上实际执行操作。只有当第一个文档插入集合时，系统才创建集合和数据库。

4. 插入文档数据

PyMongo 中使用字典来表示文档数据，假如有以下数据。

```
>>>import datetime
>>>post = {"author": "guanghua",
           "text": "My book!", "tags": ["mongodb", "python", "pymongo"],
           "date": datetime.datetime.utcnow()}
```

使用 insert_one()方法将上面的字典插入到集合中。

```
>>>collection.insert_one(post)
```

执行完这条命令，系统就在服务器上创建了 db 数据库和 collection 集合，并在集合中插入一条 POST 数据，可以通过可视化软件 Robo 3T 查看 MongoDB 存储内容的变化。

5. 查询文档数据

MongoDB 中执行的最基本查询类型是 find_one()。此方法返回与查询匹配的单个文档（如果没有匹配，则返回 None）。当知道只有一个匹配的文档或只对第一个匹配感兴趣时，可考虑使用 find_one()方法。下面示例中使用 find_one()从 collection 集合中获取第一个文档。

```
>>>collection.find_one()
```

执行上面的代码，得到以下结果。

```
{'_id': ObjectId('5ab87f7999af923474083d89'),
'author': 'guanghua',
'date': datetime.datetime(2018, 3, 26, 5, 4, 47, 590000),
'tags': ['mongodb', 'python', 'pymongo'],
'text': 'My book!'}
```

结果匹配了之前插入的数据。注意：返回的文档包含一个"_id"字段，它是在数据插入 MongoDB 时自动添加的。

要查询作者是"Riyueguanghua"的文档，可以指定查询的条件。

```
>>>post = collection.find_one({"author": "Riyueguanghua"})
```

查询结果当然是空的。还可以使用 insert_many()执行批量插入，首先构造待插入数据的列表。

```
>>>new_posts = [{"_id": 1000,
"author": "Youdian", "text": "Another book!",
"tags": ["bulk", "insert"], "date": datetime.datetime(2018, 3, 16, 11, 14)},
```

```
{"_id": 1001,"author": "Guanghua",
"title":"MongoDB is fun",
"text": "book again!", "date": datetime.datetime(2018, 4, 12, 10, 45)}]
```

然后执行如下命令插入多条数据。

```
>>>collection.insert_many(new_posts)
```

14.3.2　配置 pipeline

通过第 11 章中的 Scrapy 架构解析，可以知道当 Item 在 spider 中被收集之后，它将被传递到 item pipeline，一些组件都会按照一定的顺序执行对 Item 的处理。

每个 item pipeline 组件都是实现了简单方法的 Python 类。它们接收到 Item 并执行一些行为，同时也决定此 Item 是继续通过 pipeline，还是被丢弃而不再进行处理。

以下是 item pipeline 的一些典型应用：清理 HTML 数据；验证爬取的数据（检查 Item 是否包含某些字段）；查重（并丢弃）；将爬取结果保存到数据库中。

Scrapy 通过在 pipeline 类中的 process_item 方法处理 Items，每个 item pipeline 组件都需要调用该方法，因此，数据存储主要就是在这个方法中执行，另外还可以定义 open_spider 方法和 close_spider 方法，用于在 spider 中打开和关闭时处理一些操作。下面以链家经纪人成交数据爬虫为例，演示如何把数据保存到 MongoDB。

```python
import pymongo
from pymongo import MongoClient

class Pachong5Pipeline(object):
    #在 open_spider 方法中链接 MongoDB，创建数据库和集合，也可以在__init__初始化
    #方法中处理这些操作
    def open_spider(self, spider):
        self.db = MongoClient('localhost', 27017)
        self.collection = self.db.lianjia_collection
    #定义 process_item 方法
    def process_item(self, item, spider):
        #把 Item 转化成字典方式，然后添加数据
        self.collection.insert_one(dict(item))
```

这里在 open_spider 方法中连接了 MongoDB，读者也可以在__init__方法中连接 MongoDB，效果是相同的。

14.3.3 在 settings 中启用 pipeline

下面进行非常重要的一步，即在 settings.py 设置文件中启用定义好的 pipeline。

```
ITEM_PIPELINES={
    'pachong5.pipelines.Pachong5Pipeline': 300,
}
```

这是一个 dict，它的 key 是定义的 pipeline 路径，其写法与下载器中间件类似，它的值代表执行顺序。

至此就完成了链家经纪人成交数据爬虫的代码编写，读者可以在命令行中定位到项目根目录，执行 scrapy crawl lianjia 命令，运行这个爬虫，爬取的数据将被保存在 MongoDB 中。在启动爬虫之前，要首先启动 MongoDB，这样才能把爬取的数据存储到数据库，开始爬虫后，可以在可视化工具 Robo 3T 中通过刷新的方法，实时查看爬取到的数据。

14.4 存储数据到 MySQL

存储数据到
MySQL 数据库

14.4.1 使用 pymysql 操作 MySQL 数据库

也可以把爬取到的数据存储到 MySQL 数据库中。MySQL 数据库的安装这里不再赘述，读者可以上网查询在不同操作系统下的安装方法。要想在 Python 中操作 MySQL 数据库，需要用到 Python 连接 MySQL 的接口包 pymysql，可以使用 pip 安装。

```
>pip install pymysql
```

下面简单讲解 pymysql 的用法。

1. 连接数据库

不同于 MongoDB，MySQL 需要用户事先创建好数据库和表。假设这里已经创建好了数据库 ljdb 和 chengjiao 表，然后就可以使用如下命令连接到创建的数据库。

```
conn = pymysql.connect(host='127.0.0.1', user='root',
                       passwd='123456', db='ljdb')
```

2. 执行 SQL 语句

使用 conn.query() 直接执行 SQL 语句；使用 SQL 语句插入数据；使用 conn.commit()
提交执行。

3. 关闭连接

使用 conn.close() 关闭连接。

14.4.2　把链家经纪人成交数据存储到 MySQL 数据库

与上节存储到 MongoDB 配置类似，打开链家经纪人成交项目中的 pipeline 文件，在
open_spider 方法中连接 MySQL 数据库，在 process_item 方法中执行保存数据到数据
库，在 close_spider 方法中关闭数据库，修改代码如下。

```python
import pymysql


class Pachong5Pipeline(object):
    def open_spider(self):
        self.conn = pymysql.connect(host='127.0.0.1', user='root',
                                    passwd='123456', db='ljdb')#连接数据库
    def process_item(self, item, spider):
        #添加数据到 chengjiao 表中
        self.conn.query(
"insert chengjiao(name,region,apartment,time,total_price) "
"values('{}','{}','{}','{}','{}')".format(
    item['name'], item['region'], item['apartment'],
    item['time'], item['total_price']))
        self.conn.commit()     #执行添加
    def close_spider(self,spider):
        self.conn.close()        #关闭连接
```

然后在 settings.py 中把定义好的 pipeline 启用起来。

```python
ITEM_PIPELINES = {
   'pachong5.pipelines.Pachong5Pipeline': 300,
}
```

在运行这个爬虫时，系统可以把数据存储到 MySQL 数据库中。

上面简单演示了存储数据到 MySQL 的方法。需要注意的是，在 MySQL 中创建数据库和表的时候，要注意设置其编码方式为 utf8，否则可能出现 UnicodeEncodeError。pymysql 还有很多功能和用法，读者可以查看 pymysql 文档。

14.5　本章小结及要求

本章以爬取链家经纪人成交记录为例，讲解了如何存储数据到数据库。爬取链家经纪人成交记录这个例子相对复杂，其中对多层页面的爬取、网址构造、页面翻页，以及在不同解析函数中传递数据等方法，都值得读者学习和掌握。存储数据到数据库的方法相对简单，读者按照演示的步骤设置就可以了。

第 7 章的要求是使用 Requests 爬取链家经纪人成交记录，读者可以把 Scrapy 爬虫与 Requests 爬虫进行对比。本章要求完成以下两个工作：一是改造第 11 章中的我爱我家二手房房源爬虫，使用数据库存储其爬取数据；二是思考如果使用 Requests 编写爬虫并存储到数据库，应该如何编写代码。

第 15 章

分布式爬虫与爬虫部署

15.1　分布式爬虫原理与 Redis 的安装

15.1.1　Scrapy 分布式爬虫原理

　　分布式爬虫也就是集群爬虫。当遇到大型的爬虫任务时，单台计算机是难以满足抓取需求的，毕竟单机有 CPU、IO、带宽等多重限制，这时可以尝试分布式爬虫扩展性能，从而使爬虫更快、更高效。当然可以在不同机器上运行不同网站的爬虫代码，最后把爬取到的数据汇总起来，这种方式虽然不算是分布式爬虫，但确实是爬取多个网站时较好的解决办法。本节所讲的分布式爬虫是一个整体的框架，是多台计算机的联合数据采集，这就涉及爬取任务的分配、URL 的统一去重及数据的统一或分散保存。下面具体看一下，如何用 Scrapy 实现分布式爬虫。

　　在第 11 章 Scrapy 架构解析中讲过，Scrapy 通过调度器调度待爬取的 URL，调度器可以被看作一个优先级队列，它接受 Request 并将它们入队，Scrapy 引擎从调度器中请求要爬取的任务。要实现分布式爬虫的统一任务调度和 URL 统一去重，一种常见的思路就是多服务器使用同一个调度器，这个处于核心位置的调度器主要完成调度所有其他服务器、URL 统一去重、共享爬取队列等任务。图 15-1 所示为分布式爬虫的架构。

　　图 15-1 所示的是一个简单的分布式爬虫，调度服务器处于核心位置，需要维护整个的爬取队列并统一去重。调度服务器的爬取队列一般通过 Redis 数据库维护。Redis 是一个开源的使用 ANSI C 语言编写、支持网络、可基于内存亦可持久化的日志型、非关系型、Key-Value 数据库，其结构十分灵活。Redis 是内存中的数据结构存储系统，处理速度快，提供队列集合等多种存储结构，方便队列维护。

　　Redis 提供了集合数据结构，调度服务器借助 Redis 集合实现 URL 去重。用户可以在 Redis 集合中存储每个 Request 的指纹（所谓指纹，就是标志 Request 唯一性的多个特征），从而判断 Reqeust 是否已经加入了队列，如果已经加入，就不再重复添加。

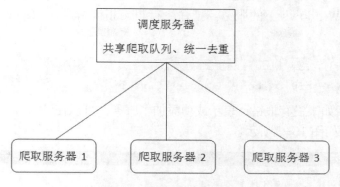

图 15-1　分布式爬虫的架构

15.1.2　Redis 的安装

要安装 Redis，在 Linux 和 Mac 操作系统下可以从 Redis 官网下载解压后编译安装。对 Windows 系统，Redis 官网并没有提供下载安装版本，可以从其他网站下载。

下载后解压到硬盘根目录，如 C 盘 Redis 目录下。然后在运行中输入 cmd，把目录指向解压的 Redis 目录，输入如下启动命令。

```
>redis-server redis.windows.conf
```

如果看到图 15-2 所示的启动页面，说明成功运行了 Redis。

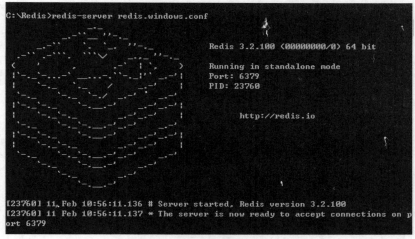

图 15-2　Redis 启动页面

上面虽然启动了 Redis，但是只要关闭 cmd 窗口，Redis 就会停止运行，所以要把 Redis 设置成 Windows 下的服务。把命令行目录指向解压的 Redis 目录，输入如下命令。

```
>redis-server --service-install
redis.windows-service.conf --loglevel verbose
```

执行命令之后如果没有报错，表示成功添加了服务，可以在 Windows 服务中看到已经添加了 Redis，如图 15-3 所示。

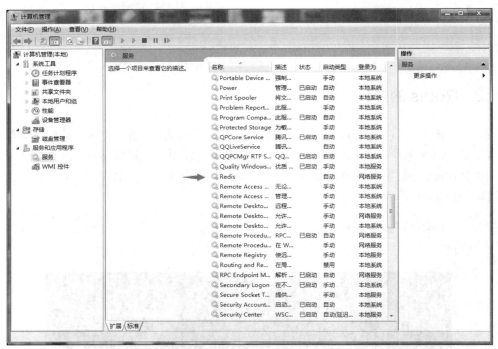

图 15-3　添加 Redis 到 Windows 服务

可以使用如下命令开启 Redis 服务。

```
>redis-server --service-start
```

要停止服务，可输入如下命令。

```
>redis-server --service-stop
```

运行结果如图 15-4 所示。

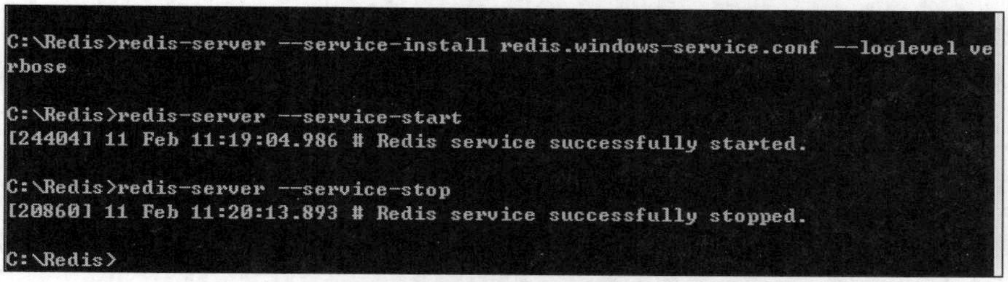

图 15-4　开启和停止 Redis 服务

这样就完成了 Redis 的简单安装和部署，更深入的使用请参考 Redis 中文网教程。

15.2　scrapy_redis 实现分布式爬虫

15.2.1　scrapy_redis 库

要实现分布式爬虫框架，scrapy_redis 库必不可少。scrapy_redis 库提供了所需的功能，scrapy_redis 改写了 Scrapy 的调度器、队列等组件，利用这个库可以方便地实现 Scrapy 分布式架构。

下面使用 pip 安装 scrapy_redis 库。

```
>pip install scrapy_redis
```

我们以第 11 章中的房天下二手房房源爬虫为例，讲解如何配置分布式爬虫。

1. 修改 settings 中的配置信息

（1）替换 Scrapy 调度器，使用 scrapy_redis 调度。

```
SCHEDULER = "scrapy_redis.scheduler.Scheduler"
```

（2）使用 scrapy_redis 去重。

```
DUPEFILTER_CLASS = "scrapy_redis.dupefilter.RFPDupeFilter"
```

（3）设置 Redis 的连接信息，这里可以设置用户名和密码，如果没有则为空。

```
REDIS_URL = 'redis://localhost:6379'
```

（4）设置 Redis 队列是否保存。

```
SCHEDULER_PERSIST = True
```

如果设置为 True，则不会清空 Redis 里面的去重队列和请求队列，这样设置后，去重队列和请求队列会一直保存在 Redis 数据库中，用户可以暂停和启动爬虫而不影响继续去重。

（5）设置重启爬虫时是否清空爬取队列。

```
SCHEDULER_FLUSH_ON_START = True
```

如果设置为 True，每次重启爬虫，系统都会清空去重队列和请求队列，一般设置为 False。

还有很多其他设置，读者可以参考 scrapy_redis 官方文档。

2. 修改 spider

当使用 scrapy_redis 编写分布式爬虫时，需要将爬虫类修改为继承自 scrapy_redis. spiders.RedisCrawlSpider 类。

```
import scrapy
from scrapy.linkextractors import LinkExtractor
from scrapy.spiders import CrawlSpider, Rule
from pachong3.items import Pachong3Item
from scrapy_redis.spiders import RedisCrawlSpider


class FangSpider(RedisCrawlSpider):
    name = 'fang'
    allowed_domains = ['fang.com']
    redis_key = 'FangSpider:start_urls'
    ...
```

修改完成后启动爬虫。因为代码中没有指定初始 URL，爬虫将一直等待，没有爬取任何网页。用户可以手动向 Redis 的初始 URL 队列中添加 URL，队列的名称为 FangSpider:start_urls。默认情况下，在命令行中定位到 Redis 目录，然后采用集合的命令进行添加。

```
redis-cli lpush FangSpider:start_urls http://esf.fang.com/
```

向 scrapy-redis 队列中添加初始 URL 后，爬虫就开始运行了。爬虫会一直运行，直到没有任何 Request 对象或待抓取的 URL。

15.2.2 分布式爬虫的部署和存储

要在各个服务器部署爬虫，需要将上面更改后的代码复制到各个服务器。对分布式爬虫爬取数据的存储，提供 3 种方案供读者参考。

1．分布式存储

分布式存储即在每个服务器上都安装数据库，如 MongoDB 数据库。这种方式配置比较麻烦，并且数据相对分散，但是可靠性比较高，不会因为某一台服务器宕机而丢失全部数据。

2．集中式存储

集中式存储即所有服务器通过网络共用一个数据库，如设置一台 MongoDB 数据库服务器，然后各个爬虫服务器都将数据存储到这台 MongoDB 服务器上。这种方式对提取数据非常方便，但是存在安全性问题：如果存储服务器宕机，整个分布式爬虫框架也会相应停止。可以通过使用 MongoDB 集群提高整个框架数据的稳定性和安全性。MongoDB 集群以主从节点保障整个存储系统的安全和稳定，一旦主节点出现问题，从节点会接管存储服务，成为新的主节点。读者可查询网络，了解具体的实现方法。

3．云存储

可以向各大云主机服务商申请云主机，把爬取的数据直接保存到云主机上。这种方式的稳定性、安全性、便利性都非常好，非常适合公司运行大型分布式爬虫，缺点是需要花钱购买云服务。

假设使用 MongoDB 集中存储，所有的爬虫服务器都需要安装 Scrapy、scrapy_redis 和 pymongo，然后在各个服务器上运行爬虫程序，这样在安装了 Redis 数据库的主服务器上，可以看到 Redis 服务器维护的两个队列——dupefilter 去重队列和 request 请求队列。

本节简单演示了使用 scrapy_redis 库实现简单分布式爬虫的代码实现，并讨论了分布式爬虫的存储方案。这里只是简单介绍，读者在实际工作中如果部署分布式爬虫，还需要更深入地了解和对比各种解决方案的优劣。另外，使用集中式存储，还要注意为 MongoDB 做安全设置。

15.3 使用 Scrapyd 部署爬虫

15.3.1 Scrapyd 简介和安装

按照一般的部署方法，部署分布式爬虫需要每个服务器复制代码、用命令行运行，非常繁杂，管理起来也非常不方便，如爬虫版本更新，可能需要所有服务器进行具体代码的更新。另外，用户也不能方便地查看各个爬虫的运行情况。

  Scrapyd 部署就解决了上述问题。Scrapyd 是一个部署和运行 Scrapy 爬虫的应用程序，它使用户能够在网页端查看正在执行的任务，能够通过 JSON API 部署（上传）工程和控制工程中的爬虫，如新建爬虫任务、终止爬虫任务等，功能比较强大。

  要使用 Scrapyd 部署，首先要安装 Scrapyd，这里使用 pip 安装。

```
>pip install scrapyd
```

  安装完成后可直接在命令行里执行 scrapyd 命令，将 Scrapyd 运行起来，如图 15-5 所示。

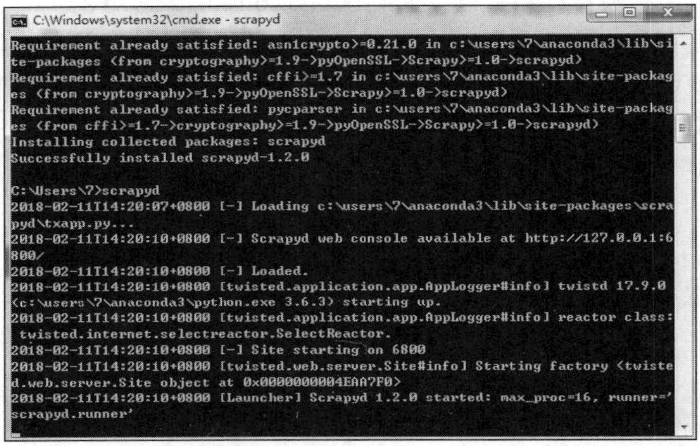

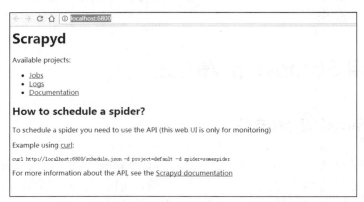

图 15-5　运行 Scrapyd

  默认情况下，Scrapyd 监听 0.0.0.0:6800 端口，用浏览器打开 http://localhost:6800/，能看到 Scrapyd 已经成功运行，如图 15-6 所示。可以单击页面中的"Jobs"查看已经部署的爬虫，单击"Logs"查看日志信息。

图 15-6　在浏览器中查看 Scrapyd 的运行情况

15.3.2 使用 scrapyd-client 部署爬虫

要将代码上传并部署到 Scrapyd，还需要使用一个专门的打包上传工具 scrapyd-client，还是使用 pip 安装。

```
>pip install scrapyd-client
```

scrapyd-client 为用户提供了 scrapyd-deploy 命令，用来打包和上传爬虫代码，但如果使用的是 Windows 系统，安装完后，在命令行中运行部署命令 scrapyd-deploy，可能会出现 "scrapyd-deploy 不是内部或外部命令，也不是可运行的程序或批处理文件" 的提示。

遇到这个问题，打开 Python 目录下的 Scripts 目录，能找到一个 scrapy-deploy 的文件，但是无法运行。下面简单介绍解决办法。

（1）进到 Python 安装目录下的 Scripts 目录下，创建 scrapy.bat、scrapyd-deploy.bat 两个新文件。

（2）编辑这两个文件。

在 scrapy.bat 文件中输入以下内容。

```
@echo off
D:\Python\python D:\Python\Scripts\scrapy %*
```

在 scrapyd-deploy.bat 文件中输入以下内容。

```
@echo off
D:\Python\python D:\Python\Scripts\scrapyd-deploy %*
```

注意：上面的路径要替换成自己的 Python 安装路径。

（3）保存退出，并确保 D:\python 和 D:\python\Scripts 都在环境变量里。这样就可以正常运行 scrapy-deploy 命令了。

在使用 scrapy-deploy 命令打包上传之前，先将本地 Scrapy 项目中的 scrapy.cfg 配置文件（见图 15-7）进行配置。

```
1   # Automatically created by: scrapy startproject
2   #
3   # For more information about the [deploy] section see:
4   # https://scrapyd.readthedocs.org/en/latest/deploy.html
5
6   [settings]
7   default = pachong3.settings
8
9   [deploy]
10  url = http://localhost:6800/
11  project = pachong3
12
```

图 15-7　scrapy.cfg 配置文件

因为仅仅演示部署到本地计算机，这里只要把 URL 前面的 # 去掉就可以。然后把命令行目录定位到爬虫项目目录，执行 scrapyd-deploy 命令。

如果一切顺利，系统会给出图 15-8 所示的提示。

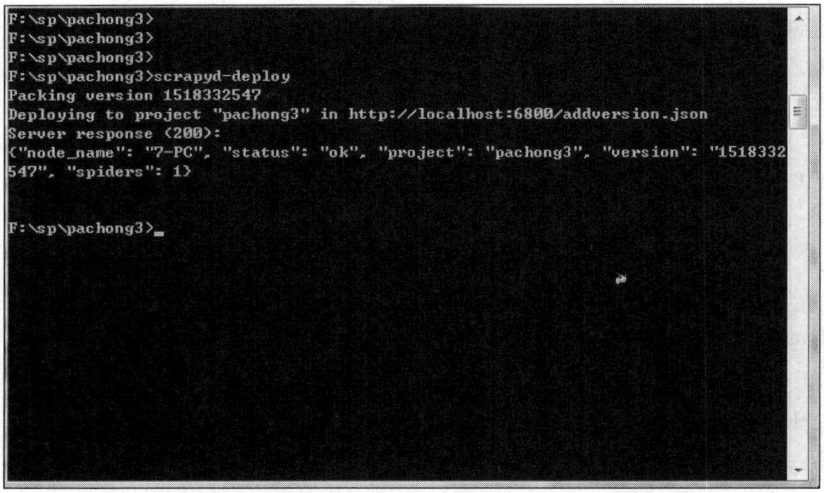

图 15-8　使用 scrapyd-deploy 部署爬虫

图中提示的部署 status 状态是 ok，说明爬虫部署成功。如果想启动爬虫，可输入如下命令。

```
>curl http://localhost:6800/schedule.json -d
project=pachong3 -d spider=fang
```

这里 project 后面是项目名称，spider 后面是爬虫名称。执行启动上面命令后，可以在浏览器中打开 http://localhost:6800/，查看爬虫运行情况。例如单击 Jobs，查看爬虫的部署情况，如图 15-9 所示。如果代码发生改变，可以重新打包部署，Scrapyd 默认执行最新的版本。

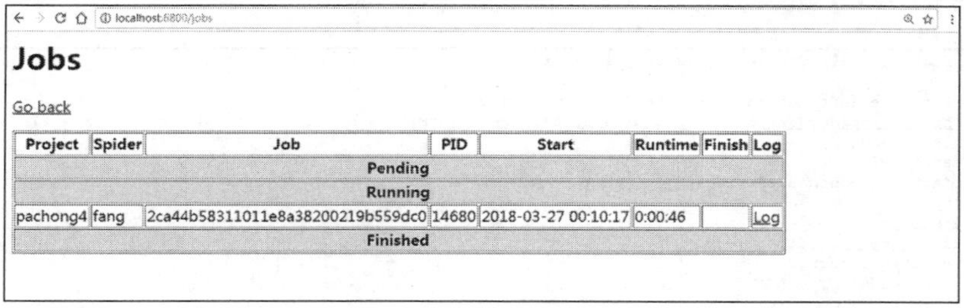

图 15-9　查看爬虫的运行情况

如果要部署到远程服务器，Scrapy 项目中 scrapy.cfg 文件的 URL 需要配置为远程服务器的地址。远程部署要注意安全问题。

Scrapyd 还为用户提供了很多非常方便的命令，如执行如下命令可停止一个爬虫。

```
>curl http://localhost:6800/cancel.json -d
project=PROJECT_NAME -d job=JOB_ID
```

命令中的 JOB_ID 可以很方便地从 Web 控制台 PID 获得。读者可以查看 Scrapyd 官方文档，了解详细的 API。

最后还是要提醒读者，Scrapyd 能极大地简化部署 Scrapy 爬虫的步骤，但是在使用远程部署的时候，一定要注意安全问题。

15.4 Scrapy 爬虫去重

15.4.1 Scrapy 去重方案

前面多次提到过 Scrapy 的 URL 去重。使用 scrapy.Request 方法时，可以设置 dont_filter 参数来开启或者关闭 Scrapy 对 request 的 URL 去重，执行如下命令即可。

```
yield scrapy.Request(url, callback=self.parse, dont_filter=False)
```

这是 Scrapy 框架默认使用的 URL 去重方式，它实质上是通过 Python 的 set()这种数据结构在内存中实现去重。当服务器宕机或强制关闭爬虫时，这样的去重方式无法保存 request 状态，另外，这种内存去重方式有一个明显的缺点：随着 URL 的增多，占用的内存会越来越多，当长时间执行大型爬虫任务时，服务器内存很有可能被占满。

上一节介绍 scrapy_redis 时提到过，它可以帮助用户使用 Redis 中的队列去重，这也是一种内存去重方案，但通过 Redis 实现了去重的持久化。这种方式既能保证服务器重启或宕机后重新继续去重，又能保证较快的去重速度。这种方案基本上能满足大多数爬虫需要，是一种相对理想的去重方式。

还可使用关系型数据库去重，这种去重方式把已经爬取的 URL 存入数据库，每次在新的请求之前启动数据库查询。这种去重方式在数据量非常庞大后，查询效率很低，对服务器资源占用较大。

其实，Redis 缓存数据库去重是一种不错的去重方式，但是当爬虫数据量达到亿（甚至十亿、百亿）数量级时，内存有限，Redis 缓存数据库去重方案就不能满足要求了。这时可以考虑用"位"来去重，Bloom Filter 过滤就是将去重对象映射到几个内存"位"，通过几个位的 0/1 值来判断某个对象是否已经存在。

15.4.2　Bloom Filter 过滤

Bloom Filter 是一种空间效率很高的随机数据结构，它利用位数组很简洁地表示一个集合，能判断一个元素是否属于这个集合。Bloom Filter 的这种高效是有一定代价的：在判断一个元素是否属于某个集合时，不属于这个集合的元素很可能被误认为属于这个集合。因此，Bloom Filter 不适合那些"零错误"的应用场合。而在能容忍低错误率的应用场合下，Bloom Filter 通过极少的错误，换取了存储空间的极大节省。

Bloom Filter 运行在一台机器的内存上，不方便持久化，也不方便分布式爬虫的统一去重。在部署大型爬虫时，可以使用 scrapy_redis 配合 Bloom Filter 过滤，这样就能满足既占用较小内存又能持久化去重的目标，并且执行速度也足够快。因此，如果希望减少内存的占用，对去重的要求又不是那么高，对大型分布式爬虫，可以考虑使用 scrapy_redis 和 Bloom Filter 过滤这样的组合。

可以在 Python 官网搜索，看看有没有已经实现了 Bloom Filter 的包。输入 Bloomfilter，搜索结果如图 15-10 所示。

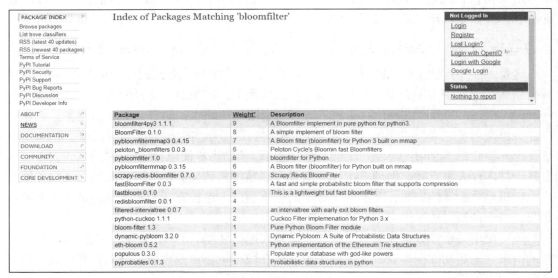

图 15-10　Python 官网搜索 Bloomfilter

可以看到已经有现成的改造 scrapy_redis 实现 Bloom Filter 的包 scrapy-redis-bloomfilter 0.7.0，这应该是国人编写的一个使用布隆过滤去重的 scrapy_redis 包。可以直接使用 pip 安装这个包，然后就像前面讲过的使用 scrapy_redis 包那样部署分布式爬虫。

15.5 本章小结及要求

本章讲解了分布式爬虫的原理、Redis 的安装及使用 scrapy_redis 包实现分布式爬虫的方法。分布式爬虫还有其他的实现形式，可以从网上查阅相关的实现原理。

本章还讨论了使用 Scrapyd 部署爬虫的技巧，并简单讨论了 Scrapy 框架中的去重问题。去重问题的关键是既要有较高的去重效率，又不能占用过多的系统资源。一般情况下，使用 Redis 缓存数据库去重是一种相对理想的去重方式。本章讨论的去重都是 URL 去重，至于内容的去重也有很多方法，本章的要求是完成在 pipeline 中使用数据库去重，使用文件去重，或者直接使用 pandas 等数据处理工具去重等练习，读者遇到具体问题时，可以使用适合自己的方法。

第 16 章

项目实战——知乎用户爬虫及数据分析

16.1 知乎用户爬虫——知乎网站分析

16.1.1 知乎网站初步分析

这一章通过知乎爬虫这个例子，实战前面介绍的知识，并简单介绍如何分析爬取到的数据。为了简单演示，只爬取知乎网站用户的信息，包括用户的姓名（昵称）、一句话介绍、部分详细资料、关注的人数、粉丝数等数据。这些数据能帮助我们分析某些行业有哪些"大 V"。

打开知乎网站，分析一下我们需要的这些信息都在哪些网页及其 URL 的构造特点等。如果直接打开知乎首页，会发现它要求登录才能查看，但不登录也是可以访问知乎内部详细页面的，如周源的知乎页面，如图 16-1 所示。

图 16-1 周源的知乎页面

这个页面显示了用户的姓名（昵称），一句话介绍、详细资料、关注的人数（关注了）、粉丝数（关注者）等，但是没有完全显示详细资料，需要单击"查看详细资料"，才能显示全部的个人资料。显然这是一个动态网页，处理起来可能稍微有些麻烦。不过值得庆幸的是，网页中用户所从事行业或者职位等这些关键的信息是优先显示出来的，那是不是所有人都是这样呢？如果多打开几个人的详细页面，就会发现只要有详细资料，都会优先显示知乎用户所从事的行业和职位，如图 16-2 所示。

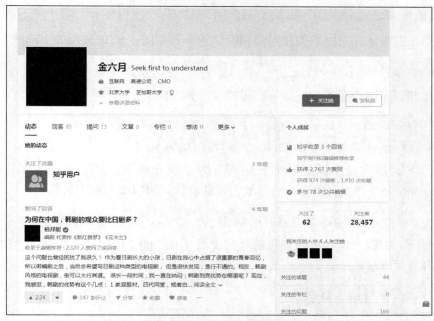

图 16-2　知乎的个人页面

这样就省去了处理动态网页加载、查看详细数据的麻烦，只需要爬取个人页面中显示出来的这部分详细资料即可。

为了从一个网页开始爬取整个网站的用户信息，可以利用用户与用户之间的关注和被关注关系，从一个用户开始，爬取他的关注对象和粉丝信息；爬取这些人的信息后，继续这个循环，爬取这些人的关注对象和粉丝信息，一直循环下去，直到爬取整个网站的用户数据。

下面研究一下 URL 的构造特点，以便于使用 CrawlSpider 编写 URL 提取规则。用户个人页面的 URL 形式如下。

```
https://www.zhihu.com/people/mileijun/activities
https://www.zhihu.com/people/Junejin/activities
```

　　activities 是动态的意思，如果访问去掉最后面的 activities 的 URL，会发现这个网址会自动跳转回带 activities 的个人动态页，也就是说个人页其实也就是他的个人动态页。我们既可以请求不加 activities 的个人页 URL，也可以请求加上了 activities 的个人页 URL，效果是完全相同的。如果查看网页中关注对象列表和粉丝列表的用户 URL，就会发现它们指向的 URL 是不加 activities 的，因此可以请求结尾没有 activities 的个人详细页面 URL，请求的 URL 形式如下。

```
https://www.zhihu.com/people/mileijun
```

　　如果用正则表达式来提取关注对象和粉丝的个人 URL，可以采用如下形式。

```
www.zhihu.com/people/.*
```

　　个人详细页面还有回答、文章等很多栏目，其 URL 如下。

```
https://www.zhihu.com/people/mileijun/answers
https://www.zhihu.com/people/mileijun/posts
```

　　这些 URL 都满足上面的正则表达式，为了防止抓取这些栏目，可以排除 www.zhihu.com/people/后面包含有 / 的网址，正则表达式可以改为如下形式。

```
www.zhihu.com/people/((?!/).)*$
```

　　再来看一下提取关注对象列表和粉丝列表页 URL 的正则表达式写法。通过观察网址特点，很容易写出这两个正则表达式。

```
people/.*/following$
people/.*/followers$
```

　　这里为什么要使用匹配结尾的符号$呢？因为个人页面还有关注话题、关注专栏等几个子栏目，使用匹配结尾的语法，可以防止提取到这些子栏目的 URL。

16.1.2　知乎网站进一步分析

　　从上面的分析已经知道了链接提取的规则，但是还有一个问题应该注意，那就是知乎网页是动态网页。前面已经注意到，要查看用户个人详细资料，需要单击“查看详细资料”，这就是动态网站的明显特征——URL 不变但加载了新的数据。不仅如此，知乎网站为了让用户更快打开页面、减轻服务器压力，整个网站都存着这种异步加载的情况。例如，打开某个用户的关注对象列表页面，如图 16-3 所示。

图 16-3　用户的关注对象列表页面

实际页面上直接加载的只有前 3 个关注对象，其他的关注对象信息都是异步加载进来的。为了验证这一点，可以在页面空白处单击右键，查看源码，这时就会发现上、下两部分源码的形式完全不同。在 scrapy shell 中直接使用 scrapy.Request，请求某一个用户的关注对象列表页面，查看返回的 response.body，也能发现这一点。

要解决这个问题，按照以前讲的思路，既可以使用 Selenium 配合 Chrome 浏览器加载动态网页，也可以仔细分析网页的请求和返回数据情况，找到加载这些 json 数据的请求，然后构造这个请求，获取返回数据。在 Scrapy 框架中，可以使用 Selenium 配合 Chrome 浏览器解析动态网页，一般我们都是通过修改下载中间件，改变 Scrapy 请求网络的方式，让其使用 Selenium 和 Chrome 浏览器来完成下载网页的动作，并将收到的响应返回，但是这种处理方式的爬取效率比较低，并且从收到的响应中解析出我们需要的内容也比较麻烦；分析网页实际请求的这种解决办法效率非常高，但需要仔细分析请求过程，构造实际请求的网址，分析起来比较麻烦，若有兴趣，读者可以自己尝试一下。在这里为了简单，只爬取每个用户关注对象列表页面和粉丝列表页面中直接显示的前 3 个人的信息，然后利用关注和被关注关系，一直循环下去，直到抓取全部数据。

另外，我们在加载用户个人页面时，有时候会发现某些人的个人页面在不登录的情况下是显示不出来的，如果要抓取这些人的详细信息，需要处理 Scrapy 登录等很多情况，这里直接忽略这些用户即可。其实从抓取的目标来看，我们希望抓取的是那些粉丝众多的"大 V"，既然部分用户并不希望传播和曝光，直接放弃抓取这些人的资料就可以了。

通过本节的分析，我们对知乎网站已经有了一定的了解，下一节就用代码实现抓取知乎用户的数据。

16.2　知乎爬虫的实现

16.2.1　编写知乎爬虫代码

通过上节分析，我们知道使用 Scrapy 的 CrawlSpider 根据 URL 规则爬取是一个非常好的策略，它可以使爬虫代码非常简洁。下面开始编写代码。

第一步，生成项目，并使用 crawl 模板生成 spider。

```
scrapy startproject pachong6
cd pachong6
scrapy genspider -t crawl zhihu zhihu.com
```

第二步，根据需要提取的数据，定义 Item。

```
class Pachong6Item(scrapy.Item):
    name = scrapy.Field()        #姓名（昵称）
    intro = scrapy.Field()       #一句话介绍
    detail = scrapy.Field()      #详细资料
    following = scrapy.Field()   #关注的对象数
    followers = scrapy.Field()   #粉丝数
```

第三步，根据上节的分析，编写 spider，定义链接提取规则。

```
class ZhihuSpider(CrawlSpider):
    name = 'zhihu'
    allowed_domains = ['zhihu.com']
    #使用李开复老师的个人页面作为 start_urls
    start_urls = ['https://www.zhihu.com/people/kaifulee/activities']

    rules = (
        Rule(LinkExtractor(allow=(['people/.*/following$',
                                   'people/.*/followers$']), )),
        Rule(LinkExtractor(allow=('www.zhihu.com/people/((?!/).)*$', )),
                            callback='parse_item', follow=True),)
```

第四步，定义个人页面的解析函数。

```
def parse_item(self, response):
    item = Pachong6Item()
    item['name'] = response.xpath(
"//*[@class='ProfileHeader-name']/text()").extract_first()
    item['intro'] = response.xpath(
"//*[@class='RichText ProfileHeader-headline']/text()").extract_first()
    item['detail'] = response.xpath(
        "string(//*[@class='ProfileHeader-info'])").extract_first()
    follow_list = response.xpath(
        "//*[@class='NumberBoard-itemValue']/text()").extract()
    if follow_list:
        item['following'] = follow_list[0]
        item['followers'] = follow_list[1]
    return item
```

这里为了避免在爬取到需要登录才能查看其个人页面的用户时报错，对 follow_list 先判断是否为空，不为空的话再取出关注的人数和粉丝数。而前面的 intro 项和 detail 项都是使用 extract_first 方法序列化数据，没有数据时直接返回 None，不会报错。

第五步，设置 settings.py。

为了防止被知乎服务器反爬虫禁止，需要在设置文件中设置 User Agent、增加下载延时并停止 Cookies。

```
USER_AGENT = 'Mozilla/5.0 (Windows NT 6.1; Win64;
x64) AppleWebKit/537.36 (KHTML, like Gecko)
Chrome/63.0.3239.132 Safari/537.36'
ROBOTSTXT_OBEY = False
DOWNLOAD_DELAY = 5
COOKIES_ENABLED = False
```

至此就完成了爬虫部分的代码编写。这里仅仅使用这二十多行的代码就编写了一个知乎用户数据爬虫，可以直接使用 Scrapy 的 feed 快捷保存方式运行爬虫。

16.2.2　使用 MongoDB 和 scrapy_redis 搭建分布式爬虫

要使用 MongoDB 存储爬取数据，需要在 pipeline 中编写相关代码。

```python
import pymongo
from pymongo import MongoClient


class Pachong6Pipeline(object):
    #在 open_spider 方法中链接 MongoDB，创建数据库
    #和集合
    def open_spider(self, spider):
        self.db = MongoClient('localhost', 27017)
        self.collection = slef.db.zhihu_collection
    #定义 process_item 方法
    def process_item(self, item, spider):
        self.collection.insert_one(dict(item))
    #在 spider 关闭的同时关闭连接
    def close_spider(self, spider):
        self.collection.close()
```

这里使用 process_item 将转换成字典的 Item 数据保存到了 MongoDB 中。千万不要忘记，还需要在 settings 中启用 pipeline。

```python
ITEM_PIPELINES = {
    'pachong6.pipelines.Pachong6Pipeline': 300,
}
```

要搭建分布式爬虫，需要在 settings.py 中配置使用 scrapy_redis 作为调度器。

```python
SCHEDULER = "scrapy_redis.scheduler.Scheduler"
```

设置使用 scrapy_redis 去重。

```python
DUPEFILTER_CLASS = "scrapy_redis.dupefilter.RFPDupeFilter"
```

设置 Redis 的连接信息。

```python
REDIS_URL = 'redis://localhost:6379'
```

设置 Redis 队列为保存。

```
SCHEDULER_PERSIST = True
```

最后,修改 spider 为从 scrapy_redis.spiders.RedisCrawlSpider 类继承。

```
from scrapy_redis.spiders import RedisCrawlSpider


class ZhihuSpider(RedisCrawlSpider):
    name = 'zhihu'
    allowed_domains = ['zhihu.com']
    redis_key = 'ZhihuSpider:start_urls'
    #其他内容不变
    ...
```

这样就实现了一个简单的知乎用户数据爬虫。

16.3 爬虫数据分析

16.3.1 爬虫数据分析工具

上节编写了知乎用户爬虫,下面简单演示使用数据分析工具整理、分析爬取到的数据。

要分析数据,首先要选择数据分析工具。本书主要介绍用 Python 编写爬虫,而 Python 在数据分析方面具有非常强大的第三方工具和包,本节将使用 pandas 这个数据分析包,对上节知乎爬虫爬取到的数据作简单分析。

pandas 在处理能够直接读入内存数据方面具有非常强大的能力,正逐渐成为各行业数据处理常用的工具之一。爬虫爬取的数据特点就是不规整、比较杂乱,pandas 在处理这种不规整的数据方面,有着无与伦比的优势。这里就利用 pandas 简单演示一下对爬取数据的预处理和简单分析。当然,我们完全可以继续使用机器学习或者深度学习框架,更深入地挖掘所爬取数据的价值。这里使用 Anaconda 这个 Python 发行版本,这是 Python 数据分析师经常使用的 Python 发行版本,它会安装包括 numpy、pandas、ipython 等在内的一百多种数据分析包和工具。可以从官网下载与系统对应的 Anaconda 安装包。

安装完成后,Windows 系统可以在计算机的安装程序里面找到 Anaconda Prompt

（也可以使用搜索引擎直接搜索出来），单击打开后进入希望运行程序的目录，然后输入 ipython notebook，结果如图 16-4 所示。

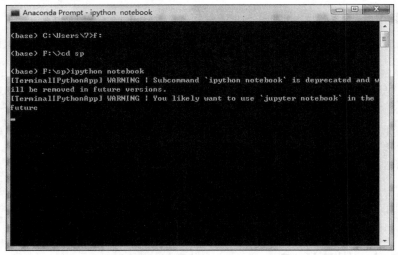

图 16-4　启动 ipython notebook

系统会在浏览器中打开一个页面，单击页面右上角的 new 键，然后选择 Python 3，新建一个 notebook python 文件，如图 16-5 所示。

图 16-5　新建一个 notebook python 文件

这样进入了代码编辑页面（见图 16-6），我们可以在这个页面里读取并分析爬取到的数据。

图 16-6　代码编辑页面

16.3.2　知乎用户数据加载

导入 pandas 和绘图库 matplotlib，在第一行中输入如下内容。

```
import pandas as pd
%matplotlib inline
import matplotlib.pyplot as plt
```

这里%matplotlib inline 是一个魔术命令，目的是让绘图直接显示在页面中。按 Shift+Enter 组合键，就可以执行这行代码，如图 16-7 所示。

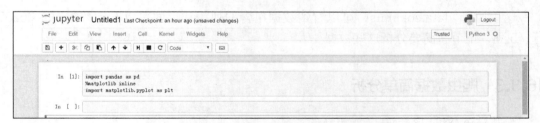

图 16-7　导入 pandas 和绘图库 matplotlib

如果执行代码时前面有*符号，代表代码正在执行，稍等一下就可以了。

下面分析使用上节知乎爬虫爬取到的数据。经过在一台计算机上两天的爬取，爬取到了 106255 条用户数据，我们就以这些数据为分析样本。先用 pandas 读取这些数据，如数据保存在 MongoDB 中，可以使用如下代码读取。

```
import pymongo
client = pymongo.MongoClient('localhost',27017)
db = client['db']
zhihu_info = db['zhihu_collection']
#加载数据到 Pandas 中
data = pd.DataFrame(list(zhihu_info.find()))
```

如果用 Scrapy 的快捷保存方式保存到 csv 文件中，可直接使用 pandas.read_csv 方法读取。

```
data=pd.read_csv('爬虫文件路径/zhihu.csv')
```

数据加载进来后，可以直接查看 data，如图 16-8 所示。

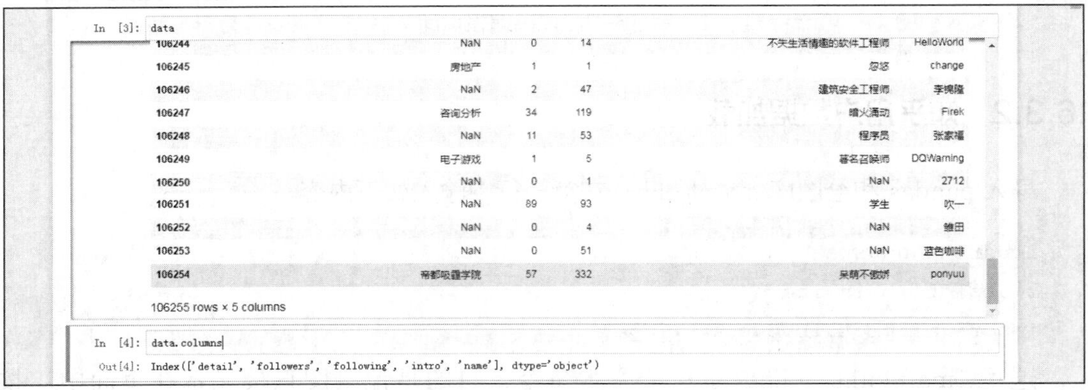

图 16-8　查看读入的数据

这里执行 data.columns，可以看到数据包含的列，从上面可以看到数据有 106255 行、5 列，下节将简要分析这些数据。

16.3.3　爬虫数据简单分析

本节简单分析已经加载的爬虫数据。

上节查看 data 会发现有些 detail 列和 intro 列的数据是缺失值，这里直接用空字符串填充这些缺失值。

```
data.fillna('', inplace=True)
```

现在数据中关注的人数和粉丝数都是字符串类型，需要将这些数据转换为 Int 类型。不过在转换之前，需要把科学计数的逗号删除掉，我们用字符串的 replace 方法将逗号替换为空字符串，再用 astype 方法改变其类型。

```
data['followers'] = data['followers'].str.replace(',', '')
data['followers'] = data['followers'].astype('int32')
data['following'] = data['following'].str.replace(',', '')
data['following'] = data['following'].astype('int32')
```

如图 16-9 所示，全部样本用户的粉丝数（followers）平均约为 1533 人，而关注的人数（following）平均为 136 人。虽然知道了平均值，但我们想知道用户粉丝数（followers）和关注的人数（following）的数量分布情况。这里离散化粉丝数（followers）并分组计算每组的大小，然后绘制柱状图，如图 16-10 所示。

In [10]:	data.describe()		
Out[10]:		followers	following
	count	1.062550e+05	106255.000000
	mean	1.532762e+03	136.266011
	std	1.477435e+04	397.112851
	min	0.000000e+00	0.000000
	25%	1.000000e+00	7.000000
	50%	7.000000e+00	30.000000
	75%	9.400000e+01	105.000000
	max	1.537783e+06	19579.000000

图 16-9　数据统计信息

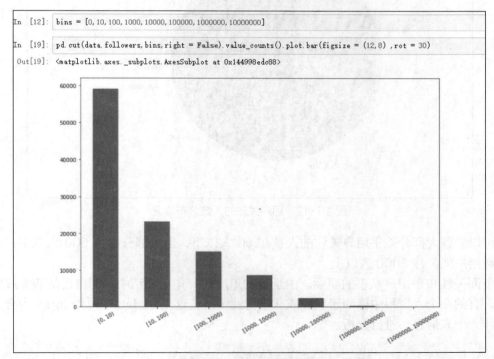

图 16-10　粉丝数分布情况

　　从图中很明显能看出来，超过一半的知乎用户粉丝数在 0 ~ 10 人，而粉丝数超过 10 万人的很少。查看一下，粉丝数超过 10 万人的具体人数，样本中仅有 267 人，如图 16-11 所示。

```
In  [20]: len(data[data['followers']>100000])
Out[20]: 267
```

图 16-11　粉丝数超过 10 万人的人数

用户关注的人数分布情况如图 16-12 所示。

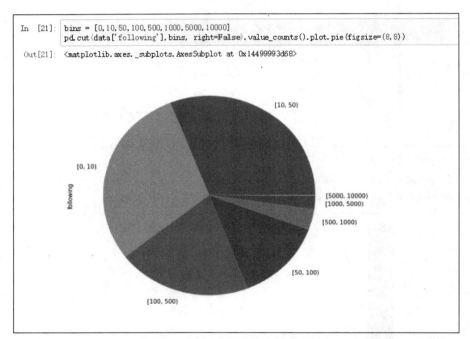

```
In  [21]: bins = [0,10,50,100,500,1000,5000,10000]
          pd.cut(data['following'], bins, right=False).value_counts().plot.pie(figsize=(8,8))
Out[21]: <matplotlib.axes._subplots.AxesSubplot at 0x14499993d68>
```

图 16-12　用户关注的人数分布情况

　　可以看到大部分知乎用户关注的人数在 50 人以下，绝大部分都在 500 人以下，但也有少数用户能关注 5000 人以上。

　　下面关注知乎用户从事的职业。由于有的用户在一句话介绍中标明自己的职业或职务情况，有的在个人资料中标明了职业或从事行业情况，这里把 detail 列和 intro 列合并起来，作为个人信息，进行分析。

```
data['intro'] = data['intro'] + data['detail']
```

合并的个人信息中包含"互联网"的人数，毕竟知乎是从互联网行业开始积攒用户的，如图 16-13 所示。

```
In  [18]:  sum(data.intro.str.contains('互联网'))
Out[18]:  6848
```

图 16-13　个人信息包含互联网的人数

显示有 6848 人，不是很多，这是因为有相当一部分用户并没有标明自己的职业或从事的行业，另外还有一些人可能标明的是计算机或者程序员等这样的职业称呼。这里把相关的关键词都包含进来看看人数，如图 16-14 所示。

```
In  [19]:  len(data[data['intro'].str.contains('互联网|软件|程序|计算机|码农')])
Out[19]:  10778
```

图 16-14　从事互联网相关的人数

数量增加到 10000 人以上，说明数据中明确有 10000 多人标明了从事计算机相关的工作或学习方向，占总样本的十分之一。如果觉得这不算多，可以看看标明其他几个行业的人数，如图 16-15 所示。

```
In  [18]:  len(data[data['intro'].str.contains('CEO|创始人|总经理|总监|合伙人')])
Out[18]:  1271

In  [19]:  len(data[data['intro'].str.contains('金融')])
Out[19]:  2115

In  [30]:  len(data[data['intro'].str.contains('房地产')])
Out[30]:  557

In  [32]:  len(data[data['intro'].str.contains('教育')])
Out[32]:  4198

In  [35]:  len(data[data['intro'].str.contains('大学')])
Out[35]:  14883
```

图 16-15　标明其他行业的人数统计

由图 16-15 可知，知乎用户中从事教育相关行业的人数也不少，从这些数据也可以看出知乎用户中高学历、高收入行业的人占比相当大。

　　从事计算机相关工作的这些用户，与其他用户相比，在知乎上可能更受关注、粉丝更多，下面验证一下，如图 16-16 所示。

　　可以看到，在介绍中标明从事计算机相关行业的知乎用户的平均粉丝为 3292 人，而其他用户平均粉丝数为 1305 人，这一定程度上说明从事计算机相关行业的用户在知乎上更受关注。

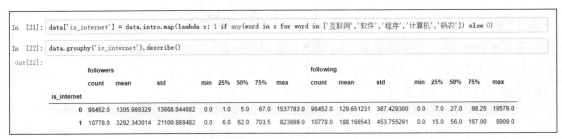

```
In  [21]: data['is_internet'] = data.intro.map(lambda x: 1 if any(word in x for word in ['互联网','软件','程序','计算机','码农']) else 0)

In  [22]: data.groupby('is_internet').describe()

Out[22]:
```

	followers								following							
	count	mean	std	min	25%	50%	75%	max	count	mean	std	min	25%	50%	75%	max
is_internet																
0	98452.0	1305.988329	13668.844682	0.0	1.0	5.0	67.0	1537783.0	98452.0	129.651231	387.429300	0.0	7.0	27.0	98.25	19579.0
1	10778.0	3292.343014	21100.889482	0.0	6.0	62.0	703.5	823699.0	10778.0	188.166543	453.755291	0.0	15.0	56.0	167.00	9909.0

图 16-16　是否从事计算机相关行业粉丝数对比

　　下面关注知乎上的"大 V"，也就是粉丝数超过 100000 人的知乎用户。

　　由图 16-17 可知，粉丝数超过 100000 人的"大 V"在我们的数据中有 267 人，这其中明确标明从事计算机相关行业的有 60 人。另外，担任 CEO、创始人、总经理、总监、合伙人的"大 V"有 32 人，超过十分之一。

```
In  [23]: dav = data[data.followers>100000]

In  [25]: sum(dav.is_internet == 1),len(dav)

Out[25]: (60, 267)

In  [26]: sum(dav.intro.str.contains('CEO|创始人|总经理|总监|合伙人'))

Out[26]: 32
```

图 16-17　"大 V"人数统计

　　我们想知道"大 V"（粉丝数超 100000 人的用户）关注的人数和普通用户关注的人数差别大不大，一般我们印象中的"大 V"好像不太喜欢关注别人。下面验证一下，如图 16-18 所示。

　　由图 16-18 可知，"大 V"平均关注的人数比普通用户更多！看来要想成为"大 V"，多关注别人是一个努力的方向。

　　最后，看一下"大 V"中高管的粉丝数分布情况，如图 16-19 所示。

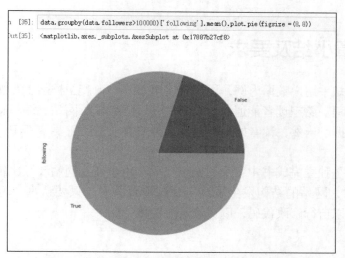

图 16-18　　"大 V"和普通用户关注的人数对比

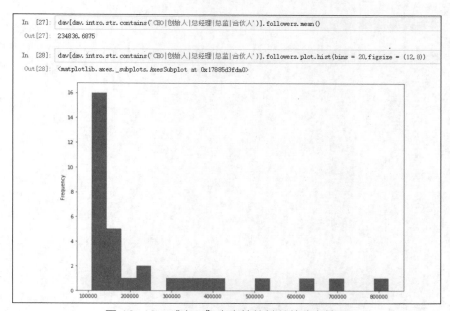

图 16-19　　"大 V"中高管的粉丝数分布情况

　　可以看到标明职位为公司高管的知乎"大 V"，平均粉丝数为 234836 人，但通过直方图查看粉丝数分布情况，会发现粉丝数超过 50 万人的仅仅有 4 人。

　　这里简单做了爬虫数据的分析演示，如果要更深入地挖掘知乎用户数据，还需要重新编写爬虫，以爬取更多的用户信息和数据，这就作为练习留给读者自己去探索吧。

16.4 本章小结及要求

本章以爬取知乎用户数据为例，讲解了使用 Scrapy 爬虫框架编写爬虫爬取数据、分析数据的全部流程。希望读者能通过这个小例子，学会分析网站、编写爬虫代码、处理和分析爬取到的数据。当然，读者如果有分析数据的需求，还需要参考 Python 数据分析相关书籍。

本书的要求是独立完成书中各个用例的代码。由于商业网站改版比较频繁，很可能在读者读到本书时，网站的结构发生了改变，这没有关系，只要认真学习了本书讲解的内容，读者完全可以自行修改代码，以适应这些变化。